佳能相机
摄影与视频拍摄
从入门到精通

雷波◎编著

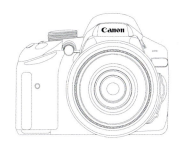

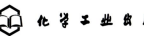

化学工业出版社

·北京·

内容提要

本书重点讲解了如何使用佳能相机拍摄照片及视频。在基础知识方面，本书不仅讲解了摄影及视频拍摄的基本共性理论，如曝光三要素、对焦、测光、白平衡、构图、用光等，还讲解了在拍摄视频及视频直播时，需要了解的视频参数、必备硬件、镜头语言。在实战方面，本书不仅在第11章讲解了使用佳能相机拍摄视频时的基本流程与操作方法，还在第13章至第16章针对常见摄影题材，如美女、儿童、风光、昆虫、花卉、建筑等讲解了具体拍摄步骤。

本书特别适合将要购买佳能相机，或已经购买佳能相机，希望通过学习掌握摄影及视频拍摄知识与相关技能的摄影爱好者阅读学习。

图书在版编目(CIP)数据

佳能相机摄影与视频拍摄从入门到精通/雷波编著．—北京：化学工业出版社，2020.10（2024.7重印）
ISBN 978-7-122-37669-5

Ⅰ.①佳… Ⅱ.①雷… Ⅲ.①数字照相机-摄影技术　Ⅳ.①TB86②J41

中国版本图书馆 CIP 数据核字(2020)第 165781 号

责任编辑：孙　炜　李　辰　　　　　　　　装帧设计：王晓宇
责任校对：边　涛

出版发行：化学工业出版社（北京市东城区青年湖南街 13 号　邮政编码 100011）
印　　装：天津裕同印刷有限公司
710mm×1000mm　1/16　印张 17　字数 424 千字　2024 年 7 月北京第 1 版第 3 次印刷

购书咨询：010-64518888　　　　　　　　　　售后服务：010-64518899
网　　址：http://www.cip.com.cn
凡购买本书，如有缺损质量问题，本社销售中心负责调换。

定　　价：118.00 元　　　　　　　　　　　　　　　版权所有　违者必究

前　言

随着 5G 时代来临、相机视频功能增强、短视频娱乐兴起，越来越多的摄影师面对一个题材时不仅仅拍摄照片，还会运用摄像技法拍摄视频，这些视频有可能只是作为一个现场记录，但更有可能在进行后期编辑后，上传到各类短视频平台，成为变现手段。

毫无疑问，在这个极速变化的时代，摄影与摄像、线下与线上、娱乐与创业，正在相互融合，这给予了每一位摄影师极佳的创业及变现机会，因此，每一个摄影爱好者在学习摄影的同时，都应该注意学习与视频拍摄相关的知识，为视频创作打下良好基础。

本书正是基于这样一个基本认识，通过结构创新推出的整合了摄影与视频拍摄相关理论的学习书籍。

本书不仅讲解了每一个摄影爱好者都应该掌握的摄影基本理论，如拍出好照片的 4 个技巧、拍摄前应该检查的参数、照片格式的设置、中灰镜渐变镜等摄影常用硬件的使用等。

此外，还讲解了摄影及拍摄视频共性基本理论，比如曝光三要素、色温与白平衡关系、对焦、测光、构图用光理论等。

本书还讲解了拍摄视频时应该了解的软硬件知识，如拍摄视频常用稳定器、收音设备、灯光设备、提词器、外接电源；拍摄视频时必须正确设置的视频参数的意义，如视频分辨率、视频制式、码率、帧频、色深、Canon LOGO；拍摄视频时要了解的镜头语言、运镜方式，并通过一个小案例示范了分镜头脚本的写作方法。

特别值得一提的是，针对当前火爆的直播带货，本书讲解了直播所需硬软件及如何使用 OBS 进行直播。

虽然本书内容丰富，但并不是一本"光说不练"的纯理论书籍，而是涉及了操作步骤详细的视频拍摄流程及摄影案例。例如，笔者在第 11 章讲解了使用佳能相机时拍摄视频的基本流程与操作方法，在第 13 章至第 16 章介绍了常见摄影题材，如美女、儿童、风光、昆虫、花卉、建筑的具体拍摄步骤。

学习本书后，在摄影领域，各位读者将具有玩转手中相机、理解摄影基本理论、拍摄常见题材的基本能力；在视频拍摄领域，笔者虽然不能保证各位读者一定可以拍出华丽、精致的视频，但一定会对当前火热的视频拍摄有全局性认识，例如，不仅能知道应该购买什么样的硬件设备，在拍摄视频时应该如何设置画质、尺寸、帧频等参数，还将具备深入学习视频拍摄的理论基础，为以后拍摄微电影、Vlog 打下良好基础。

虽然在编写本书时，笔者也查阅了相关资料并采访了相关从业人员，但也无法保证毫无纰漏，欢迎各位读者与笔者交流与沟通，对图书内容进行批评指正。如果希望与笔者或其他爱好摄影的朋友交流与沟通，各位读者可以添加我们的客服微信 momo521_hello 与我们在线沟通交流，也可以加入摄影交流 QQ 群与众多喜爱摄影的小伙伴交流，群号为 327220740。如果希望每日接收到新鲜、实用的摄影技巧，可以关注我们微信公众号"好机友摄影"，或在今日头条、百度中搜索"好机友摄影学院""北极光摄影"以关注我们的头条号、百家号。

编　者

2020 年 4 月

目 录

第1章

拍出好照片的基本理念与基础操作

拍出好照片的4个技巧 2
 让照片的主体突出 2
 让照片有形式美感 2
 让照片亮度正常 3
 让照片清晰 3
使用镜头释放按钮更换镜头 4
 拆卸镜头 4
 安装镜头 5
 安装与拆卸镜头的注意事项 5
使用Q按钮快速设置拍摄参数 6
 认识相机的Q按钮 6
 使用速控屏幕设置参数的方法 6
使用MENU按钮调控相机菜单 7
使用INFO按钮随时查看拍摄参数 8
使用播放按钮检视照片 10
 播放照片时的基本操作 10
使用删除按钮删除照片 11
使用START/STOP按钮录制视频 11
使用多功能控制钮选择和切换功能 12
使用主拨盘快速设定光圈与快门 13
使用速控转盘快速更改设置 13
按快门按钮前的思考流程 14
 该用什么拍摄模式 15
 测光应该用什么？测光测哪里 15
 用什么构图 16
 光圈、快门、ISO应该怎样设定 16
 对焦点应该在哪里 16
按快门的正确方法 17
在拍摄前应该检查的参数 18
 文件格式和文件尺寸 18

 拍摄模式 18
 光圈和快门速度 19
 感光度 19
 曝光补偿 19
 白平衡模式 20
 对焦及自动对焦区域模式 20
 测光模式 20
辩证使用RAW格式保存照片 21
保证足够的电量与存储空间 22
 检查电池电量级别 22
 检查存储卡剩余空间 22

第2章

决定照片品质的曝光、对焦与景深

曝光三要素：控制曝光量的光圈 24
 认识光圈及表现形式 24
 光圈数值与光圈大小的对应关系 ... 25
 光圈对曝光的影响 25
曝光三要素：控制相机感光时间的
快门速度 26
 快门与快门速度的含义 26
 快门速度的表示方法 27
 快门速度对曝光的影响 28
 快门速度对画面动感的影响 29
曝光三要素：控制相机感光灵敏度
的感光度 30

理解感光度 30
感光度对曝光结果的影响 31
ISO感光度与画质的关系 32
感光度的设置原则 33
通过曝光补偿快速控制画面的明暗 34
曝光补偿的概念 34
判断曝光补偿的方向 35
正确理解曝光补偿 36
针对不同场景选择不同测光模式 37
评价测光模式 ⊚ 37
中央重点平均测光模式 〔〕 38
局部测光模式 〔•〕 39
点测光模式 〔·〕 40
利用曝光锁定功能锁定曝光值 41
对焦及对焦点的概念 42
什么是对焦 42
什么是对焦点 42
根据拍摄题材选用自动对焦模式 43
拍摄静止对象选择单次自动对焦
（ONE SHOT） 43
拍摄运动的对象选择人工智能伺服
自动对焦（AI SERVO） 44
拍摄动静不定的对象选择人工智能
自动对焦（AI FOCUS） 44
手选对焦点的必要性 45
8种情况下手动对焦比自动对焦更好 46
4招选好对焦位置 48
驱动模式与对焦功能的搭配使用 49
单拍模式 49
连拍模式 50
自拍模式 50
什么是大景深与小景深 51
影响景深的因素：光圈 52
影响景深的因素：焦距 52
影响景深的因素：物距 53
拍摄距离对景深的影响 53
背景与被摄对象的距离对景深的影响 53

第3章

用好色温与白平衡让照片更出彩

白平衡与色温的概念 55
什么是白平衡 55
什么是色温 55
佳能白平衡的含义与典型应用 57
手调色温：自定义画面色调 58
巧妙使用白平衡为画面增彩 59
在日出前利用阴天白平衡拍出暖色调画面 59
利用白色荧光灯白平衡拍出蓝调雪景 59
在傍晚利用钨丝灯白平衡拍出冷暖对比
强烈的画面 60
利用低色温表现蓝调夜景 60

第4章

合理使用不同的拍摄模式

从自动挡开始也无妨 62
场景智能自动曝光模式 🅐⁺ 62
闪光灯关闭曝光模式 🚫 62
创意自动曝光模式 CA 63
使用场景模式快速"出片" 64
人像模式 🙎 65
风景模式 🏔 65
运动模式 🏃 65
微距模式 🌷 66
夜景人像模式 🌃 66
HDR逆光控制模式 🌄 67
手持夜景模式 🌆 67
控制背景虚化用Av挡 68
定格瞬间动作用Tv挡 69
匆忙抓拍用P挡 69
自由控制曝光用M挡 70

全手动曝光模式的优点 70

判断曝光状况的方法 71

用B门拍烟花、车轨、银河、星轨 72

第5章

学会这几招让你的相机更稳定

拍前深呼吸保持稳定 74

用三脚架与独脚架保持拍摄稳定性 74

脚架类型及各自特点 74

用豆袋增强三脚架的稳定性 75

分散脚架的承重 75

用快门线与遥控器控制拍摄 76

快门线的使用方法 76

遥控器的作用 77

如何进行遥控拍摄 77

使用定时自拍避免机震 78

第6章

滤镜配置与使用详解

滤镜的"方圆"之争 80

选择滤镜要对口 80

UV镜 81

保护镜 81

偏振镜 82

用偏振镜压暗蓝天 82

用偏振镜提高色彩饱和度 83

用偏振镜抑制非金属表面的反光 83

中灰镜 84

认识中灰镜 84

中灰镜的形状 85

中灰镜的尺寸 85

中灰镜的材质 86

中灰镜基本使用步骤 86

计算安装中灰镜后的快门速度 87

中灰渐变镜 88

认识渐变镜 88

中灰渐变镜的形状 89

中灰渐变镜的挡位 89

硬渐变与软渐变 89

如何选择中灰渐变镜挡位 89

反向渐变镜 90

如何搭配选购中灰渐变镜 90

第7章

佳能镜头详解

读懂佳能镜头参数 92

买原厂镜头还是副厂镜头 93

学会换算等效焦距 94

了解焦距对视角、画面效果的影响 95

明白定焦镜头与变焦镜头的优劣 96

大倍率变焦镜头的优势 97

变焦范围大 97

价格亲民 97

在各种环境下都可发挥作用 97

大倍率变焦镜头的劣势 98

成像质量不佳 98

机械性能不佳 98

恒定光圈镜头与浮动光圈镜头 99

恒定光圈镜头 99

浮动光圈镜头 99

购买镜头时合理的搭配原则 100

适合微单的广角镜头：EF-M
15-45mm F3.5-6.3 IS STM 101

适合微单的长焦镜头：EF-M
55-200mm F4.5-6.3 IS STM 101

选择一支合适的广角镜头：EF 16-35mm
F4 L IS USM 102

选择一支合适的中焦镜头：EF 85mm
F1.8 USM 102

选择一支合适的长焦镜头：EF
70-200mm F2.8 L IS Ⅱ USM 103
选择一支合适的微距镜头：EF 100mm
F2.8 L IS USM 103

第8章

拍摄Vlog视频或微电影需要准备的硬件及软件

视频拍摄稳定设备 105
  手持式稳定器 105
  小斯坦尼康 105
  单反肩托架 106
  摄像专用三脚架 106
  滑轨 106
移动时保持稳定的技巧 107
  始终维持稳定的拍摄姿势 107
  憋住一口气 107
  保持呼吸均匀 107
  屈膝移动减少反作用力 107
  提前确定地面情况 107
  转动身体而不是转动手臂 107
视频拍摄存储设备 108
  SD存储卡 108
  CF存储卡 108
  NAS网络存储服务器 108
视频拍摄采音设备 109
  便携的"小蜜蜂" 109
  枪式指向性麦克风 109
  记得为麦克风戴上防风罩 109
视频拍摄灯光设备 110
  简单实用的平板LED灯 110
  更多可能的COB影视灯 110
  短视频博主最爱的LED环形灯 110
简单实用的三点布光法 111
视频拍摄外采设备 111

利用外接电源进行长时间录制 112
通过提词器让语言更流畅 112
视频后期对电脑的要求 113
  视频后期对CPU的要求 113
  视频后期对内存的要求 113
  视频后期对硬盘的要求 113
  视频后期对显卡的要求 114
  视频后期配置建议 114
常用视频后期软件介绍 115
  功能既全面又强大的视频后期
  软件——Premier 115
  强大的视频特效制作
  软件——Adobe After Effects 115
  功能既全面又强大的视频
  后期软件——Adobe Audition 115
  Mac上出色的视频后期
  软件——Final cut pro 115
  更注重调色的视频后期软件——DaVinci ... 115
  好用的国产视频后期软件——会声会影 ... 116
  最易上手的视频后期软件——爱剪辑 116
  可以批量添加字幕的软件——Arctime 116
  使用手机APP巧影添加字幕 116
  好用的视频压缩软件——小丸工具箱 116
直播所需的硬件及软件 117
  使用单反、无反进行直播的优势 117
  使用单反、无反进行直播的特殊
  配件——采集卡 117
  使用单反、无反进行直播的设备连接方法 ... 118
  直播软件及设置方法 118
搭建一个自己的视频工作室 121

第9章

拍摄Vlog视频或微电影需要理解的视频参数

理解视频拍摄中的各参数含义 123

理解视频分辨率并进行合理设置 123
设定视频制式 123
理解帧频并进行合理设置 124
理解码率的含义 124

理解色深并明白其意义 125
理解色深的含义 125
理解色深的意义 126
理解色度采样 127

通过Canon Log保留更多画面细节 128
认识Canon Log 128
认识LUT 128
Canon Log的查看帮助功能 128

第10章

拍摄 Vlog 视频或微电影需要了解的镜头语言

认识镜头语言 130
什么是镜头语言 130

镜头语言之运镜方式 130
推镜头 130
拉镜头 131
摇镜头 131
移镜头 131
跟镜头 132
环绕镜头 132
甩镜头 133
升降镜头 133

3个常用的镜头术语 134
空镜头 134
主观性镜头 134
客观性镜头 134

镜头语言之转场 135
技巧性转场 135
非技巧性转场 136

镜头语言之"起幅"与"落幅" 139

理解"起幅"与"落幅"的含义和作用 139
起幅与落幅的拍摄要求 139

镜头语言之镜头节奏 140
镜头节奏要符合观众的心理预期 140
镜头节奏应与内容相符 140
利用节奏控制观赏者的心理 141
把握住视频整体的节奏 141
镜头节奏也需要创新 142

控制镜头节奏的4个方法 142
通过镜头长度影响节奏 142
通过景别变化影响节奏 143
通过运镜影响节奏 143
通过特效影响节奏 144

利用光与色彩表现镜头语言 144

多机位拍摄 145
多机位拍摄的作用 145
多机位拍摄注意不要穿帮 145
方便后期剪辑的打板 146

简单了解拍前必做的"分镜头脚本" 146
"分镜头脚本"的作用 146
"分镜头脚本"的撰写方法 147

第11章

佳能相机视频拍摄基本流程

录制视频的简易流程 150

设置视频格式、画质 151
设置视频格式与画质 151
设置4K视频录制 151
根据存储卡及时长设置视频画质 153

开启并认识实时显示模式 154
开启实时显示拍摄功能 154
实时显示拍摄状态下的信息内容 154

设置视频拍摄模式 155

理解快门速度对视频的影响 155
根据帧频确定快门速度 155

快门速度对视频效果的影响	155
拍摄帧频视频时推荐的快门速度	156
开启视频拍摄自动对焦模式	157
设置视频对焦模式	158
选择对焦模式	158
选择自动对焦方式	158
设置视频自动对焦灵敏度	160
短片伺服自动对焦追踪灵敏度	160
短片伺服自动对焦速度	161
设置录音参数并监听现场音	162
录音/录音电平	162
风声抑制/衰减器	162
监听视频声音	162
设置时间码参数	163
录制延时短片	164
录制高帧频短片	165

第12章 掌握构图与用光技巧

画面的主要构成	167
画面主体	167
画面陪体	167
画面环境	168
景别	169
特写	169
近景	169
中景	169
全景	170
远景	170
经典构图样式	171
水平线构图	171
垂直线构图	173
斜线构图	173
S形构图	174
三角形构图	175

透视牵引构图	175
三分法构图	176
散点式构图	176
对称式构图	177
框式构图	178
光的属性	179
直射光	179
散射光	179
光的方向	180
顺光	180
侧光	180
前侧光	181
逆光	181
侧逆光	182
顶光	182
光比的概念与运用	183

第13章 美女、儿童摄影技巧

逆光小清新人像	185
阴天环境下的拍摄技巧	187
如何拍摄跳跃照	189
日落时拍摄人像的技巧	191
夜景人像的拍摄技巧	193
趣味创意照	197
在普通场景中拍出"不普通"的人像照片	198
让画面中的人物不普通	198
让不普通与普通产生对比	199
用前景让画面不普通	200
通过非常规角度让画面不普通	201
黑白人像的拍摄技巧	202
利用黑白突出画面线条感	202
利用黑白营造极简风格	202
利用逆光拍摄唯美人像	203

逆光勾勒出的人像轮廓 203
逆光形成的温馨氛围 203
利用色彩润色人像摄影 204
通过和谐色让画面更简洁 204
利用对比色让人像画面更具视觉冲击力 204
点构图在人像摄影中的作用 205
利用点构图让人物融入环境 205
利用点构图拍摄更大气的人像画面 205
拍摄人物的局部 206
表现人物局部美 206
通过局部拍摄突出画面重点 206
拍摄儿童 207

第14章
风光摄影技巧

山景的拍摄技巧 210
逆光表现漂亮的山体轮廓线 210
利用前景让山景画面活起来 211
妙用光线获得金山银山效果 212
水景的拍摄技巧 215
利用前景增强水面的纵深感 215
利用低速快门拍出丝滑的水流 216
波光粼粼的金色水面拍摄技巧 218
雪景的拍摄技巧 220
增加曝光补偿以获得正常的曝光 220
用飞舞的雪花渲染意境 221
太阳的拍摄技巧 223
拍摄霞光万丈的美景 223
针对亮部测光拍摄出剪影效果 224
拍出太阳的星芒效果 226
迷离的雾景 228
留出大面积空白使云雾更有意境 228
利用虚实对比表现雾景 229
花卉的拍摄技巧 231

利用逆光拍摄展现花瓣的纹理与质感 231
用露珠衬托出鲜花的娇艳感 233

第15章
动物摄影技巧

拍摄昆虫的技巧 236
利用实时显示拍摄模式微距拍摄昆虫 236
逆光或侧逆光表现昆虫 237
突出表现昆虫的复眼 237
拍摄鸟类的技巧 238
采用散点构图拍摄群鸟 238
采用斜线构图表现动感飞鸟 238
采用对称构图拍摄水上的鸟儿 239
拍摄动物的技巧 241
抓住时机表现动物温情的一面 241
逆光下表现动物的金边毛发 241
高速快门加连续拍摄定格精彩瞬间 242
改变拍摄视角 244

第16章
城市建筑与夜景摄影技巧

拍摄建筑的技巧 247
逆光拍摄建筑物的剪影轮廓 247
拍出极简风格的几何画面 247
通过构图使画面具有韵律感 248
使照片出现窥视感 249
拍摄建筑精美的内部 250
拍摄夜景的技巧 252
天空深蓝色调的夜景 252
车流光轨 255
奇幻的星星轨迹 258

第1章
拍出好照片的基本理念与基础操作

拍出好照片的 4 个技巧

让照片的主体突出

绝大多数摄影爱好者在日常拍摄时总是贪大求全，努力将看到的所有景物都"装"到照片里，导致照片主体不突出，观众不知道照片要表现的对象是哪一个。这样的照片当然也就无法给人留下深刻印象。

要避免这个问题，就需要认真学习构图方法，并将其灵活运用在日常拍摄活动中。

在深色背景的衬托下，逆光下的花朵在画面中非常突出

200mm F2.8 1/500s ISO200

让照片有形式美感

对于优秀的摄影作品来说，一定具有较强的画面美感，这个共同点并不会因为拍摄器材的不同而改变。换句话说，一幅摄影作品被发布到网络上或者上传到微信的朋友圈后，绝大多数人对于这张照片的评判标准，仍然是构图是否精巧、光影是否精彩、主题是否明确、色彩是否迷人等。

所以，不管用什么相机拍摄，都不可以在画面的形式美感方面降低要求。

32mm F8 1/100s ISO200

仰视拍摄，使建筑在画面中形成对称式构图，且建筑造型形成的线条、图案等元素都让画面增加了形式美感

让照片亮度正常

有一个专业摄影名词叫"曝光",通俗地讲就是一张照片的亮度。如果一张照片看上去黑乎乎的,就是"欠曝";看上去白茫茫一片的,就是"过曝";而一张照片的亮度合适,就称为"正常曝光"。无论照片是黑乎乎一片还是白茫茫一片都属于失败品,因此让照片正常曝光尤为重要。

左下图是一张典型的欠曝照片,画面整体亮度不足,并且存在大面积较暗的区域,黑乎乎一片,也就是常说的暗部细节缺失。右下图是一张典型的过曝照片,天空中的云彩已经完全看不到细节。

让照片清晰

除非故意拍出动态的模糊效果,否则画面清晰是一张照片的基本要求。

导致画面模糊主要有 3 个原因。第一个原因是手抖而导致在拍摄过程中相机出现晃动;第二个原因是景物运动速度过快而导致画面模糊;第三个原因则是对焦不准,没有对希望清晰的区域进行准确合焦。

只要注意以上 3 个问题,就可以拍摄出一张画面清晰的照片。

对焦准确及稳定相机拍摄使小蜘蛛在画面中非常清晰

100mm F7.1 1/250s ISO100

使用镜头释放按钮更换镜头

使用单反相机的乐趣之一就是可以根据题材更换镜头,例如,在拍摄风光时,可以更换成视野宽广的广角镜头;在拍摄人像时,可以更换成能够虚化背景的大光圈镜头;而在拍摄微距题材时,可以更换成能够展示其细节之美的微距镜头。所以,拆卸镜头与安装镜头的方法与技巧,是每一个摄影爱好者都需要学习的。

拆卸镜头

要拆卸镜头,首先应该一手握住机身,另一手托住镜头,然后按照下面所示的流程进行镜头更换操作。

按下"镜头释放"按钮

按箭头所示的方向旋转镜头

旋转至两个白点或红点重合时,即可顺利取下镜头

在拆卸镜头前切记要关闭相机的电源,在拆卸镜头时,相机离地面的距离不要太高,应尽量在桌上、地面或垫在相机包上拆卸,这样当出现不小心将相机或镜头从手中掉落的情况时,也不至于摔坏相机或镜头。

100mm F10 1/100s ISO500　更换微距镜头进行拍摄,得到了这张微距照片

安装镜头

安装镜头与拆卸镜头的方法刚好相反,即机身和镜头上各有一个白点,在安装镜头时,将二者的白点对齐,垂直插入镜头,按顺时针方向扭动,直至听到"咔嗒"一声,即表示镜头安装完成。

安装与拆卸镜头的注意事项

需要注意的是,每换一次镜头,就会给传感器沾灰创造机会。

因此,在多沙、多尘的环境中拍摄时,如沙滩、沙漠或泥土地的马路边等,使用相机时尽量不要更换镜头,以免导致大量进灰。在水雾较重,如海边、瀑布旁边等地方时也不建议更换镜头。

另外,建议养成卡口朝下更换镜头的习惯,这样可以减少传感器沾灰的风险。当更换好镜头重新启动相机后,可以开启相机的"清洁影像传感器"功能进行清洁,以保证感光组件的洁净。

> 提示:对于佳能APS-C画幅的相机,如7D Mrak Ⅱ、90D、800D等,其相机卡口上拥有红色和白色两个点,其中白色的点是与EF-S镜头相对应的,即APS-C画幅专用的镜头;而红色的点,则是与EF镜头对应的,即通用于全画幅与APS-C画幅的镜头。

80D相机上的红点与白点

当去往风沙较大的环境中拍摄时,最好携带变焦镜头或者多台相机,以避免出现需要换镜头拍摄的情况

使用 Q 按钮快速设置拍摄参数

许多摄影爱好者都曾遇到过这样的情况，在碰到局域光、耶稣光照射的场景时，有时还没设置好参数进行拍摄，光线就消失了。这种因为设置相机的菜单或功能参数而错失拍摄时机的情况，对于摄影爱好者来说，是一件非常遗憾的事情。针对这种情况，最好的解决方法之一，就是熟悉使用相机的信息显示界面，学会设置常用参数。当熟练掌握操作后，可以加快操作速度。

认识相机的Q按钮

佳能各个型号相机的机身背面都提供了速控按钮Q，在开机的情况下，按下此按钮即可开启速控屏幕，在液晶监视器上进行所有的查看与设置工作。

在照片回放状态下，如果按下Q按钮，即可调用此状态下的速控屏幕，此时通过选择速控屏幕中的不同图标，可以进行保护图像、旋转图像等操作。

速控按钮

使用速控屏幕设置参数的方法

使用速控屏幕设置参数的方法如下：

❶ 在打开相机的情况下，按机身背面的Q按钮。

❷ 按◀▶▲▼方向键可以选择要设置的功能。被选中的功能参数会在周围显示黄色框。

❸ 转动主拨盘或速控转盘调整参数。

❹ 按SET按钮可以进入该项目的具体参数设置界面中，根据参数选项的不同，需要结合方向键、主拨盘来设置参数，设置参数完毕后，按SET按钮即可保存并返回速控屏幕界面中。

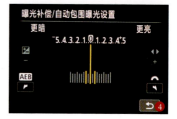

使用 MENU 按钮调控相机菜单

如果只掌握了相机机身的按钮，那么可能也只是使用了单反相机 50% 的功能，要更好地运用单反相机，一定要能够掌握菜单功能。

按下机身背面的 MENU 按钮便可启动相机的菜单功能，一般包含拍摄菜单 ◯、实时显示拍摄菜单 ◯、回放菜单 ▶、设置菜单 ✦、自定义功能菜单 ◯ 以及我的菜单 ★ 6 个菜单项目，熟练掌握与菜单相关的操作，可以帮助我们更快速、准确地进行参数设置。

下面举例介绍通过菜单设置参数的操作方法。

▤ MENU按钮

❶ 在开机的状态下，按 MENU 按钮开启菜单功能界面

❷ 按◀或▶方向键或转动主拨盘选择设置页

❸ 选择好所需的设置页后，按▲或▼方向键选择要修改的菜单项目，然后按 SET 按钮确定

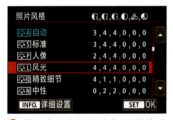

❹ 按▲或▼方向键选择所需的设定，然后按下 SET 按钮。当可以详细设置时，可以按相关按钮进入详细设置

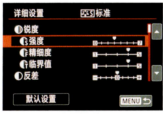

❺ 按▲或▼方向键选择所需的设定，然后按 SET 按钮确定

❻ 按◀或▶方向键修改设定，然后按 SET 按钮确定

> 提示：7D Mark Ⅱ、5D Mark Ⅲ、5D Mark Ⅳ、5Ds、5DsR相机有"自动对焦"菜单。100D、700D、750D、760D、800D、80D及5D Mark Ⅳ相机液晶监视器为触摸屏，可以点击菜单功能进行相应的操作。

使用 INFO 按钮随时查看拍摄参数

拍摄过程中，通常要随时查看相机的拍摄参数，以确认当前拍摄参数是否符合拍摄场景。在相机开机状态下，按下 INFO 信息按钮即可在液晶显示屏上显示参数。

当相机处于拍摄状态时，每次按下此按钮，可以分别显示相机设置、电子水准仪及显示拍摄功能 3 种界面，便于用户在拍摄过程中随时查看相关参数并做出调整。例如，在拍摄有水平线或地平线的画面时，可以利用电子水准仪辅助构图。

▣ INFO 按钮

▣ 显示相机设置

▣ 电子水准仪

▣ 显示拍摄功能

在回放照片时，按下 INFO 按钮可以显示有关照片的详细信息，通过查看拍摄信息，摄影师可以了解拍摄该照片时所使用的光圈、快门速度等参数。

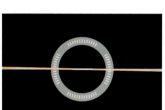

▣ 回放照片时，按 IFNO 按钮依次显示的界面

右图是回放照片时按下INFO按钮显示的详细信息界面，各种图标、数字、字符代表的含义如下。

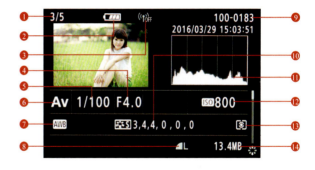

❶ 回放编号 - 总文件编号
❷ 电池电量
❸ Wi-Fi 功能
❹ 光圈值
❺ 快门速度值
❻ 曝光模式
❼ 白平衡
❽ 图像画质
❾ 文件夹编号 - 文件编号
❿ 照片风格
⓫ 柱状图
⓬ ISO 感光度值
⓭ 测光模式
⓮ 文件大小

在拍摄时，可以通过观看详细信息中的柱状图，来确定曝光是否符合拍摄意图

使用播放按钮检视照片

拍照时,摄影师需要随时回放照片以检查照片是否清晰、对焦或构图是否满意,以免留下遗憾。

通过按下相机的播放按钮,便可以在液晶显示屏上回放所拍摄的照片。

播放按钮

播放照片时的基本操作

播放按钮用于回放刚刚拍摄的照片,在回放照片时,可以进行放大、缩小、显示信息、前翻、后翻及删除照片等多种操作,当再次按下播放按钮时,可返回拍摄状态。下面通过图示来说明回放照片的基本操作方法。

连续按下INFO按钮,可以按无信息→基本信息→拍摄信息显示的顺序,循环显示照片的拍摄信息

按下 ■·Q 按钮可以切换到4张索引显示。再按 ■·Q 按钮将依次按9张→36张→100张的顺序显示照片。在索引显示状态下,按下◀▶▲▼方向键或转动速控转盘以移动橙色框选择图像

按下 Q 按钮可以放大显示照片

在放大显示图像时,使用多功能控制钮 ✲ 可查看放大的照片局部

按下播放按钮 ▶ ,即可开始浏览照片

在索引显示状态下,按下SET按钮可将所选的图像全屏显示

使用删除按钮删除照片

在拍摄照片之前,摄影爱好者最常做的事情便是整理存储卡空间,查看存储卡中的照片,然后选择性地删除一些照片,以清理出空间。而在拍摄过程中以及在回放照片时,也常常使用删除按钮来删除一些效果不好的照片。

在回放状态下,按下删除按钮,液晶显示屏中显示图像删除菜单,选择"删除"选项并按下 SET 按钮确认,便可以删除当前选择的照片。

▣ 删除按钮

使用 START/STOP 按钮录制视频

在拍摄体育比赛、舞台表演等活动时,时时刻刻都有精彩瞬间,只是拍摄照片并不能抓拍到每个画面,因而在这样的场合拍摄时,可使用相机的视频录制功能,录制下所有的精彩瞬间。

在佳能中、高端相机中,只要将实时显示拍摄/短片拍摄开关置于🎬图标位置,反光板将升起,液晶监视器中开始显示图像,然后按下🎬按钮便开始录制视频,再次按下🎬按钮则停止录制。

▣ START/STOP按钮

▣ 对于佳能入门机型而言,当将电源开关切换至短片图标位置时,按下此按钮开始/停止拍摄

200mm F5 1/500s ISO2500

▣ 在拍摄比赛场景时,不妨就利用短片模式将其精彩画面都录制下来

使用多功能控制钮选择和切换功能

在使用佳能相机拍摄时，不管是手动切换对焦点的位置，还是在光线复杂的环境中手动设置使白平衡偏移，又或者是在实时显示拍摄时移动对焦框的位置，这些操作都离不开多功能控制钮。

多功能控制钮主要用于快速选择或切换项目，如用来选择自动对焦点的位置、选择白平衡的偏移位置，以及在实时显示拍摄期间移动自动对焦框等操作；而在菜单、速控屏幕设置功能参数时，还可以使用上、下、左、右方向键选择项目。

不同机型的多功能控制钮位置有所不同，例如，7D、7D Mark Ⅱ、5D Mark Ⅱ、5D Mark Ⅲ、5D Mark Ⅳ、5Ds、5DsR 高端机型的多功能控制钮如下面左图所示，60D、70D 和 6D 机型的多功能控制钮如下面右图所示，而入门机型则没有多功能控制钮，只有十字键，可以在 4 个方向进行操作。

多功能控制钮1

多功能控制钮2

使用多功能控制钮将对焦点切换至人眼处，针对人物眼睛进行对焦，可以得到传神的人物照片

使用主拨盘快速设定光圈与快门

佳能相机的主拨盘位于相机顶面快门按钮的后方，在拍摄时只要用食指轻轻地左右转动拨盘，便完成了更改设置的操作。

主拨盘的主要功能是在 P、Av、Tv、M 高级曝光模式下，快速改变快门速度或光圈。例如，在快门优先模式下，转动主拨盘可以设置快门速度值；在光圈优先模式下，转动主拨盘可以设置光圈值。

除了改变光圈与快门速度外，主拨盘还可以与 AF、DRIVE、ISO、[●]快捷键组合使用，当按住这些快捷键的同时转动主拨盘，便可以快速设置自动对焦、驱动模式、感光度或测光模式的选项，从而节约了操作相机的时间。

此外，在选择自动对焦点及一些菜单的操作中，同样可以拨动主拨盘来进行选择。

主拨盘

使用速控转盘快速更改设置

与主拨盘一样，速控转盘同样具有快速更改设置的特点，佳能中、高端的相机机身上，都有速控转盘。

在拍摄时直接转动速控转盘，可以设定曝光补偿量，或者在手动模式下设置光圈值，而当按住 AF、DRIVE、ISO 及[●]按钮时，转动速控转盘也可以选择所需的设置。

此外，在选择自动对焦点时，转动速控转盘可以选择垂直方向的自动对焦点位置；在 7D Mark Ⅱ、5D Mark Ⅲ、5D Mark Ⅳ、5Ds、5DsR 等高端相机进行菜单操作时，需转动速控转盘来选择菜单项目。

速控转盘

> 提示：入门机型除760D相机外，其他型号的相机都没有提供速控转盘。

60mm F5 1/640s ISO100

利用速控转盘快速进行曝光补偿操作，减少模特等待拍摄的时间，得到了皮肤白皙、表情自然的人像照片

按快门按钮前的思考流程

在数码单反相机时代,摄影师没有了胶片成本的压力,拍摄照片的成本基本就是一点点电量和存储空间。因此,在按下快门拍摄时,往往少了很多深思熟虑,而在事后,却总是懊恼"当时要是那样拍就好了"。

所以,根据自己及教授学员的经验,笔者建议应该在按快门时"三思而后行",不是出于拍摄成本方面的考虑,而是在拍摄前,建议初学者从相机设置、构图、用光及色彩表现等方面进行综合考量,这样不但可以提高拍摄的成功率,同时也有助于我们养成良好的拍摄习惯,提高自己的拍摄水平。

以下图所示俯视楼梯的图片为例,笔者总结了一些拍摄前应该着重注意的事项。

快门按钮

以俯视角度拍摄的楼梯照片,通过恰当的构图展现出其漂亮的螺旋状形态

该用什么拍摄模式

根据拍摄对象是静态或动态,可以视情况进行选择拍摄模式。拍摄静态对象时,可以使用光圈优先模式(Av),以便于控制画面的景深;如果拍摄的是动态对象,则应该使用快门优先模式(Tv),并根据对象的运动速度设置恰当的快门速度。而对于手动曝光模式(M),通常是在环境中的光线较为固定,或对相机操控、曝光控制非常熟练的、有丰富经验的摄影师来使用。

对这幅静态的建筑照片来说,适合用光圈优先模式(Av)进行拍摄。由于环境较暗,应注意使用较高的感光度,以保证足够的快门速度。在景深方面,由于使用了广角镜头,因此能够保证足够的景深。

模式拨盘

测光应该用什么?测光测哪里

在佳能相机中,提供了点测光、局部测光、中央重点平均测光与评价测光4种模式,用户可以根据不同的测光需求进行选择。

对这幅照片来说,要把中间的光源作为照片的焦点来吸引眼球,中间的部分应该是曝光正常的,这时可以选择用中央重点测光或点测光模式,测光应该在画面中间的位置。

选择测光模式

恰当的测光位置

20mm F5.6 1/60s ISO640

选择中央重点没模式对画面进行测光,得到曝光准确的照片

用什么构图

现场有圆形楼梯,在俯视角度下,形成自然的螺旋形构图,拍摄时顺其自然地采用该构图方式即可。

光圈、快门、ISO 应该怎样设定

虽然身处的现场环境暗,但我们要正确曝光的地方有光源,所以光线不太暗,因此,光圈不用放到最大,F4 左右就可以,而快门要留意是否达到安全快门,必要时可以提高 ISO 值。

以这张照片为例,拍摄时是使用 18mm 的广角焦距拍摄的,所以,即使使用 F4.5 的光圈值,也能保证楼梯前后都清晰,但是现场的光线又比较暗,为了达到 1/60s 这样一个保证画面不模糊的快门速度,而适当提高了感光度值,将 ISO 感光度设定为 ISO640。

自然的螺旋形构图

对焦点应该在哪里

前面已经说明,在拍摄时使用了偏大的光圈。光圈大会令景深变浅,要令楼梯整体清晰,此时可以把对焦点放在第二级的楼梯扶手上,而不是直接对焦在最低的楼梯上,这样可以确保对焦点前后的楼梯都是清晰的。

对第二级楼梯进行对焦

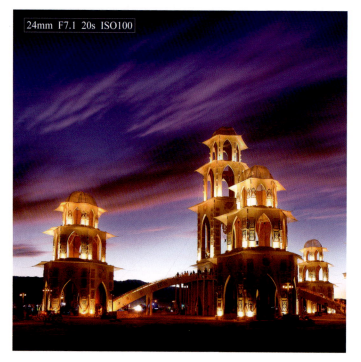

在这张照片中,将对焦点放置在建筑物上,使建筑物得到清晰呈现

按快门的正确方法

快门的作用，即使是没有系统地学习过摄影的爱好者，相信也都知道，但许多摄影初学者在使用单反相机拍摄时，并不知道快门按钮的按法，常常是一下用力按到底，这样出来的照片基本上是不清晰的。

正确的操作方法如下三张图所示。

将手指放在快门上

半按下快门，此时将对画面中的景物进行自动对焦及测光

听到"嘀"的一声，即可完全按下快门，进行拍摄

在拍摄静止的画面时，一般选择一个对焦点，对主体半按快门进行对焦，在半按快门对焦时需注意，除食指之外，其他手指不能动，用力不可过大，保持均匀呼吸。当对焦成功后，暂停呼吸，然后食指垂直地完全按下快门按钮完成拍摄，只有这样才可以确保相机处于稳定的状态，照片才可能清晰，细节才可能锐利。

需要注意的是，在半按快门对焦后，按下快门拍摄时力度要轻，否则就有可能使相机发生移动，也会使拍出的照片产生模糊。

如果在成功对焦之后，需要重新进行构图，此时应保持快门的半按状态，然后水平或垂直移动相机并透过取景器进行重新构图，满意后完全按下快门即可进行拍摄。

在重新构图时，不要前后移动相机，否则被拍摄的对象将会模糊。如果一定要前后移动相机，必须要重新半按快门进行再次对焦、测光，再完成拍摄。

先对人物眼部对焦，然后轻移相机重新构图，得到人物在画面中偏左的效果

在拍摄前应该检查的参数

对于刚入门的摄影爱好者来说，需要养成在每次拍摄前查看相机各项设置的习惯。

佳能入门级相机（750D、800D 等）的拍摄参数主要是通过相机背面的液晶监视器查看的，在相机开机状态下，按下 INFO 信息按钮显示"显示拍摄功能"界面即可；佳能中、高端相机（80D、77D、5D Mark IV 等）可通过相机背面的液晶监视器和顶部的液晶显示屏（肩屏）查看参数。

在了解如何查看参数后，那么，在拍摄前到底需要关注哪些参数呢？下面我们一一列举。

80D相机液晶监视器显示的参数

80D相机液晶显示屏（肩屏）显示的参数

文件格式和文件尺寸

拍摄时要根据自己所拍照片的用途选择相应的格式或尺寸。例如，在外出旅行拍摄时，如果是出于拍摄旅行纪念照的目的，可以将文件存储为尺寸比较小的 JPEG 文件，避免因存储为大容量的 RAW 格式，而造成存储卡空间不足的情况出现。

如果旅行过程中遇到难得的景观，那么就要及时地将文件格式设定为 RAW 格式，避免出现花大量心思所拍摄的作品，最后因存储成小尺寸的 JPEG 文件而无法进行深度后期处理的情况出现。

红框中为相机当前的文件格式和文件尺寸

拍摄模式

P、Av、Tv、M 四种模式是拍摄时常用的模式，在拍摄前要检查一下相机的曝光模式，根据所拍摄的题材、作品的风格、个人习惯而选择相应的曝光模式。

检查模式转盘所选择的拍摄模式

红框中为相机当前的拍摄模式

光圈和快门速度

在拍摄每一张照片之前,都需要注意当前的光圈与快门速度组合是否符合拍摄要求。如果前一张是使用小光圈拍摄大景深的风景照片,而当前想拍摄背景虚化的小景深花卉照片,那么就需要及时改变光圈和快门速度组合。

此外,如果使用 M 全手动模式在光线不固定的环境中拍摄时,每次拍摄前都要观察相机的曝光标尺位置是否处于曝光不足或曝光过度的状态,如果有,需要调整光圈与快门速度的曝光组合,使画面曝光正常。

红框中为相机当前的光圈和快门速度

感光度

相机的可用感光度范围越来越广,在暗处拍摄时,可以把感光度设置到 ISO3200 及以上,在亮处拍摄时也可以把感光度设置到 ISO100。

但是初学者很容易犯一个错误,那就是当从亮处转到暗处,或从暗处转到亮处拍摄时,常常忘了及时调整感光度数值,还是用的之前设定的感光度值,使拍出的照片出现曝光过度、曝光不足或者噪点较多等问题。

红框中为相机当前的感光度值

曝光补偿

曝光补偿是改变照片明暗的方法之一,但是在拍完一个场景之后就需要及时调整归零,否则所拍摄的所有照片会一直沿用当前曝光补偿设置,从而导致拍摄出来的照片过亮或过暗。

红框中为相机当前的曝光补偿值

拍摄雪景风光时,通常需要适当增加曝光补偿,以还原雪的洁白感

白平衡模式

大多数情况下,设置为自动白平衡模式即可还原出比较正常的色彩,但有时候为了使照片色彩偏"暖"或偏"冷",可能会切换到"阴天"或"荧光灯"白平衡模式。那么,在拍摄前就需要查看一下相机当前的白平衡模式,是否处于常用的模式或符合当前的拍摄环境。

红框中为相机当前的白平衡模式

对焦及自动对焦区域模式

佳能相机提供有3种自动对焦模式,其中中、高端相机还提供有多种对焦区域模式,在拍摄之前都需要根据题材设置相应的模式,如拍摄花卉时,选择单次自动对焦模式及单点对焦区域模式比较合适;如抓拍儿童时,则选择人工智能自动对焦模式及自动选择对焦区域模式比较合适。

因此,如果无法准确捕捉被拍摄对象,可以首先检查对焦模式或对焦区域模式。

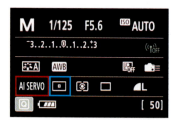

红框中为相机当前的自动对焦模式;蓝框中为相机当前的自动对焦区域模式

测光模式

佳能相机提供了评价测光、中央重点平均测光、局部测光、点测光4种测光模式,不同的测光模式适合不同的光线环境。因此,在拍摄时要根据当前的拍摄环境及要表现的曝光风格,及时地切换相应的测光模式。

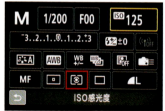

红框中为相机当前的测光模式

使用点测光模式对天空进行测光,使天空获得准确曝光,而树木因曝光不足呈现为剪影效果

辩证使用 RAW 格式保存照片

摄影初学者们常常听摄影高手们讲，存储照片的格式要使用 RAW 格式，这样方便做后期调整。

RAW 格式的照片是由 CCD 或 CMOS 图像感应器将捕捉到的光源信号转化为数字信号的原始数据。正因如此，在对 RAW 格式的照片进行后期处理时，才能够随意修改原本由相机内部处理器设置的参数选项，如白平衡、色温、照片风格等。

需要注意的是，RAW 格式只是原始照片文件的一个统称，各厂商的 RAW 格式有不同的扩展名，例如，佳能 RAW 格式文件的扩展名为 .CR2，而尼康 RAW 格式文件的扩展名则是 .NEF。

通过对比右侧表格中 JPEG 格式照片与 RAW 格式照片的区别，读者能够更加深入地理解 RAW 格式照片的优点。

另外，由于 RAW 格式照片文件较大，当存储卡容量有限时，适宜将照片以 JPEG 格式进行保存。

RAW 格式	JPEG 格式
文件未压缩，有足够的后期调整空间	文件被压缩，后期调整空间有限
照片文件很大，需要存储容量大的存储卡	照片文件较小，相同容量的存储卡可以存储更多的照片
需要专用的软件打开（Digital Photo Professional 或 Camera Raw 软件）	任何一种看图软件均可打开
可以随意修改照片的亮度、饱和度、锐度、白平衡、曝光等参数选项	以设置好的各项参数存储照片，后期不可随意修改
后期调整后不会损失画质	后期调整后画质降低

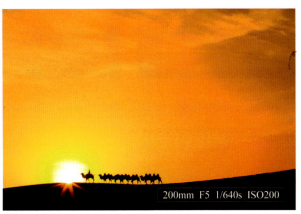

200mm F5 1/640s ISO200

> 右侧上图是使用 RAW 格式拍摄的原图，下图是后期调整过的效果，两者的差别非常明显

保证足够的电量与存储空间

检查电池电量级别

如果要外出进行长时间拍摄,一定要在出发前检查电池电量级别或是否携带了备用电池,尤其是前往寒冷地域拍摄时,电池的电量会下降很快,因此需要特别注意这个问题。

在光学取景器、液晶监视器及液晶显示屏中,都有电量显示图标,电量显示图标的状态不同,表示电池的电量也不同,在拍摄时,应随时查看电池电量图标的显示状态,以免错失拍摄良机。

液晶监视器中的电池电量显示图标

显示	![full]	![high]	![mid]	![low]	![blink]	![empty]
电量(%)	70~100	50~69	20~49	10~19	1~9	0

检查存储卡剩余空间

检查存储卡剩余空间也是一项很重要的工作,尤其是外出拍摄鸟儿或动物等题材时,通常要采用连拍方式,此时存储卡空间会迅速减少。

佳能中、高端相机可以在肩屏和液晶监视器中,查看当前设定下可拍摄的照片数量;入门型相机则可在液晶监视器显示拍摄功能的界面中,查看在当前设定下可拍摄的照片数量。

此外,拍摄时还可以按INFO按钮切换至"显示相机设置"界面,查看当前存储卡的可用空间。

在液晶显示屏中,黄框中的数字表示目前可拍摄的照片数量

在液晶监视器显示拍摄功能界面时,红框中的数字表示目前可拍摄的照片数量

在液晶监视器显示相机设置界面时,按INFO按钮查看红框所示的数值

第 2 章
决定照片品质的曝光、对焦与景深

曝光三要素：控制曝光量的光圈

认识光圈及表现形式

光圈其实就是相机镜头内部的一个组件，它由许多片金属薄片组成，金属薄片可以活动，通过改变它的开启程度可以控制进入镜头光线的多少。光圈开启越大，通光量就越多；光圈开启越小，通光量就越少。

为了便于理解，我们可以将光线类比为水流，将光圈类比为水龙头。在同一时间段内，如果希望水流更大，水龙头就要开得更大，换言之，如果希望更多光线通过镜头，就需要使用较大的光圈，反之，如果不希望更多光线通过镜头，就需要使用较小的光圈。

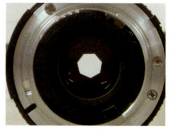
从镜头的底部可以看到镜头内部的金属薄片

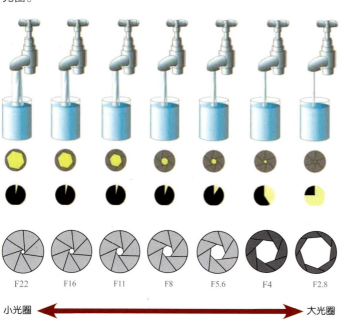

在使用Av挡光圈优先曝光模式拍摄时，可通过转动主拨盘来调整光圈；在使用M挡全手动曝光模式拍摄时，则通过转动速控转盘来调整光圈

光圈表示方法	用字母 F 或 f 表示，如 F8、f8（或 F/8、f/8）
常见的光圈值	F1.4、F2、F2.8、F4、F5.6、F8、F11、F16、F22、F32、F36
变化规律	光圈每递进一挡，光圈口径就不断缩小，通光量也逐挡减半。例如，F5.6 光圈的进光量是 F8 的两倍

光圈数值与光圈大小的对应关系

光圈越大,光圈数值就越小(如F1.2、F1.4),反之光圈越小,光圈数值就越大(如F18、F32)。初学者往往记不住这个对应关系,其实只要记住,光圈值实际上是一个倒数即可,例如,F1.2的光圈代表此时光圈的孔径是1/1.2,同理F18的光圈代表此时光圈孔径是1/18,很明显1/1.2>1/18,因此,F1.2是大光圈,而F18是小光圈。

光圈对曝光的影响

在日常拍摄时,一般最先调整的曝光参数是光圈值,在其他参数不变的情况下,光圈增大一挡,则曝光量提高一倍,例如,光圈从F4增大至F2.8,即可增加一倍的曝光量;反之,光圈减小一挡,则曝光量也随之降低一半。换句话说,光圈开启越大,通光量就越多,所拍摄出来的照片也越明亮;光圈开启越小,通光量就越少,所拍摄出来的照片也越暗淡。

100mm F3.2 1/30s ISO400

100mm F4 1/30s ISO400

100mm F5 1/30s ISO400

100mm F5.6 1/30s ISO400

从这组照片可以看出,当光圈从F3.2逐级缩小至F5.6时,由于通光量逐渐降低,拍摄出来的照片也逐渐变暗。

曝光三要素：控制相机感光时间的快门速度

快门与快门速度的含义

欣赏摄影师的作品，可以看到飞翔的鸟儿、跳跃在空中的人物、车流的轨迹、丝一般的流水这类画面，这些具有动感的场景都是使用了优先控制快门速度的结果。

那么什么是快门速度呢？简单地说，快门的作用就是控制曝光时间的长短。在按动快门按钮时，从快门前帘开始移动到后帘结束所用的时间就是快门速度，这段时间实际上也就是电子感光元件的曝光时间。所以，快门速度决定了曝光时间的长短，快门速度越快，则曝光时间就越短，曝光量也越少；快门速度越慢，则曝光时间就越长，曝光量也越多。

快门结构

利用高速快门将出水起飞的鸟儿定格，拍摄出很有动感效果的画面

在使用M挡或Tv挡拍摄时，直接向左或向右转动主拨盘，即可调整快门速度的数值

快门速度的表示方法

快门速度以秒为单位，低端入门级数码单反相机的快门速度范围通常为 1/4000~30s，而中、高端单反相机，如 80D、5D 系列的最高快门速度可达 1/8000s，已经可以满足几乎所有题材的拍摄要求。

分类	常见快门速度	适用范围
低速快门	30s、15s、8s、4s、2s、1s	在拍摄夕阳、日落后以及天空仅有少量微光的日出前后时，都可以使用光圈优先曝光模式或手动曝光模式进行拍摄，很多优秀的夕阳作品都诞生于这个曝光区间。使用 1~5s 之间的快门速度，也能够将瀑布或溪流拍摄出如同棉絮一般的梦幻效果，使用 10s~30s 可以用于拍摄光绘、车流、银河等题材
	1s、1/2s	适合在昏暗的光线下，使用较小的光圈获得足够的景深，通常用于拍摄稳定的对象，如建筑、城市夜景等
	1/4s、1/8s、1/15s	1/4s 的快门速度可以作为拍摄成人夜景人像时的最低快门速度。该快门速度区间也适合拍摄一些光线较强的夜景，如明亮的步行街和光线较好的室内
中速快门	1/30s	在使用标准镜头或广角镜头拍摄时，该快门速度可以视为最慢的快门速度，但在使用标准镜头时，对手持相机的平稳性有较高的要求
	1/60s	对于标准镜头而言，该快门速度可以保证进行各种场合的拍摄
	1/125s	这一挡快门速度非常适合在户外阳光明媚时使用，同时也能够拍摄运动幅度较小的物体，如走动中的人
	1/250s	适合拍摄中等运动速度的拍摄对象，如游泳运动员、跑步中的人或棒球活动等
高速快门	1/500s	该快门速度已经可以抓拍一些运动速度较快的对象，如行驶的汽车、跑动中的运动员、奔跑中的马等
	1/1000s、1/2000s、1/4000s、1/8000s	该快门速度区间已经可以用于拍摄一些极速运动的对象，如赛车、飞机、足球运动员、飞鸟以及飞溅出的水花等

像这种城市上空烟花绽放的场景，一般都是使用低速快门拍摄的

快门速度对曝光的影响

如前面所述，快门速度的快慢决定了曝光量的多少。具体而言，在其他条件不变的情况下，每一倍的快门速度变化，会导致一倍曝光量的变化。例如，当快门速度由 1/125s 变为 1/60s 时，由于快门速度慢了一半，曝光时间增加了一倍，因此，总的曝光量也随之增加了一倍。

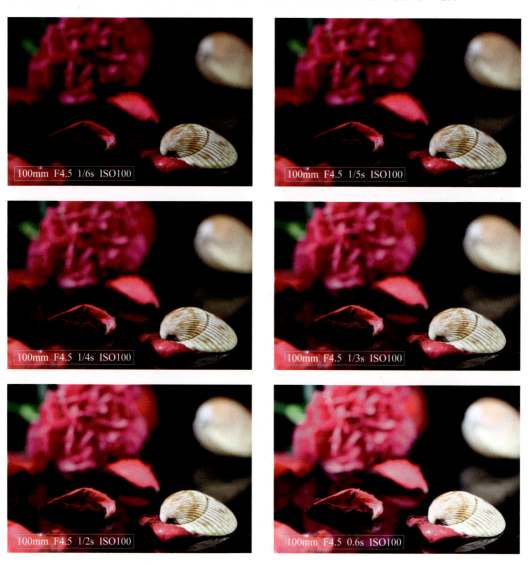

通过这组照片可以看出，在其他曝光参数不变的情况下，当快门速度逐渐变慢时，由于曝光时间变长，因此拍摄出来的照片也逐渐变亮。

快门速度对画面动感的影响

快门速度不仅影响进光量,还会影响画面的动感效果。表现静止的景物时,快门的快慢对画面不会有什么影响,除非摄影师在拍摄时有意摆动镜头,但在表现动态的景物时,不同的快门速度就能够营造出不一样的画面效果。

下面一组示例照片是在焦距、感光度都不变的情况下,分别将快门速度依次调慢所拍摄的。

对比下方这一组照片,可以看到当快门速度较快时,水流被定格成为清晰的水珠,但当快门速度逐渐降低时,水流在画面中渐渐变为拉长的运动线条。

70mm F3.2 1/64s ISO50

70mm F5 1/20s ISO50

70mm F8 1/8s ISO50

70mm F18 1/2s ISO50

拍摄效果	快门速度设置	说明	适用拍摄场景
凝固运动对象的精彩瞬间	使用高速快门	拍摄对象的运动速度越高,采用的快门速度也要越快	运动中的人物、奔跑的动物、飞鸟、瀑布
运动对象的动态模糊效果	使用低速快门	使用的快门速度越低,所形成的动感线条越柔和	流水、夜间的车灯轨迹、风中摇摆的植物、流动的人群

曝光三要素：控制相机感光灵敏度的感光度

理解感光度

作为曝光三要素之一的感光度，在调整曝光的操作中，通常是最后一项。感光度是指相机的感光元件（即图像传感器）对光线的感光敏锐程度。即在相同条件下，感光度越高，获得光线的数量也就越多。但要注意的是，感光度越高，产生的噪点就越多，而低感光度画面则清晰、细腻，细节表现较好。在光线充足的情况下，一般使用ISO100即可。

DX 画幅		
相机型号	800D	80D
ISO 感光度范围	ISO100~ISO25600 可以向上扩展至 ISO51200	ISO 100~ISO 16000 可以向上扩展至 ISO 25600
全画幅		
相机型号	6D Mark Ⅱ	5D Mark Ⅳ
ISO 感光度范围	ISO100~ISO40000 可以向下扩展至 ISO50，向上扩展至 ISO102400	ISO100~ISO32000，可以向下扩展至 ISO50，向上扩展至 ISO102400

按下ISO按钮，转动主拨盘即可调整ISO感光度数值

在光线充足的环境下拍摄人像时，使用ISO100的感光度可以保证画面的细腻

感光度对曝光结果的影响

在有些场合拍摄时,如森林、光线较暗的博物馆等,光圈与快门速度已经没有调整的空间了,并且在无法开启闪光灯补光的情况下,那么,便只剩下提高感光度一种选择。

在其他条件不变的情况下,感光度每增加一挡,感光元件对光线的敏锐度会随之增加一倍,即曝光量增加一倍;反之,感光度每减少一挡,曝光量则减少一半。

固定的曝光组合	想要进行的操作	方法	示例说明
F2.8、1/200s、ISO400	改变快门速度并使光圈数值保持不变	提高或降低感光度	例如,快门速度提高一倍(变为1/400s),则可以将感光度提高一倍(变为ISO800)
F2.8、1/200s、ISO400	改变光圈值并保证快门速度不变	提高或降低感光度	例如,增加两挡光圈(变为F1.4),则可以将ISO感光度数值降低两挡(变为ISO100)

下面是一组在焦距为50mm、光圈为F3.2、快门速度为1/20s的特定参数下,只改变感光度拍摄的照片的效果。

50mm F3.2 1/20s ISO100

50mm F3.2 1/20s ISO125

50mm F3.2 1/20s ISO200

50mm F3.2 1/20s ISO320

这组照片是在M挡手动曝光模式下拍摄的,在光圈、快门速度不变的情况下,随着ISO数值的增大,由于感光元件的感光敏感度越来越高,画面变得越来越亮。

ISO 感光度与画质的关系

对于佳能大部分相机而言，使用 ISO400 以下的感光度拍摄时，均能获得优秀的画质；使用 ISO500~ISO1600 拍摄时，虽然画质要比使用低感光度时略有降低，但是依旧很优秀。

如果从实用角度来看，在光照较充分的情况下，使用 ISO1600 和 ISO3200 拍摄的照片细节较完整，色彩较生动，但如果以 100% 的比例进行查看，还是能够在照片中看到一些噪点，而且光线越弱，噪点越明显，因此，如果不是对画质有特别要求，这个区间的感光度仍然属于能够使用的范围。但是对于一些对画质要求较为苛刻的用户来说，ISO1600 是佳能相机能保证较好画质的最高感光度。

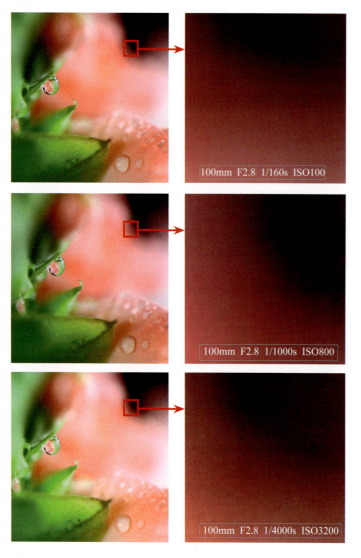

从这组照片可以看出，在光圈优先曝光模式下，当 ISO 感光度数值发生变化时，快门速度也发生了变化，因此，照片的整体曝光量并没有变化。但仔细观察细节可以看出，照片的画质随着 ISO 数值的增大而逐渐变差。

感光度的设置原则

除去需要高速抓拍或不能给画面补光的特殊场合,并且只能通过提高感光度来拍摄的情况外,否则不建议使用过高的感光度值。感光度除了会对曝光产生影响外,对画质也有极大的影响,这一点即使是全画幅相机也不例外。感光度越低,画质就越好;反之,感光度越高,就越容易产生噪点、杂色,画质就越差。

在条件允许的情况下,建议采用相机基础感光度中的最低值,一般为ISO100,这样可以在最大程度上保证得到较高的画质。

需要特别指出的是,分别在光线充足与不足的情况下拍摄时,即使设置相同的ISO感光度,在光线不足时拍出的照片中也会产生更多的噪点,如果此时再使用较长的曝光时间,那么就更容易产生噪点。因此,在弱光环境中拍摄时,需要根据拍摄需求灵活设置感光度,并配合高感光度降噪和长时间曝光降噪功能来获得较高的画质。

感光度设置	对画面的影响	补救措施
光线不足时设置低感光度值	会导致快门速度过低,在手持拍摄时容易因为手的抖动而导致画面模糊	无法补救
光线不足时设置高感光度值	会获得较高的快门速度,不容易造成画面模糊,但是画面噪点增多	可以用后期软件降噪

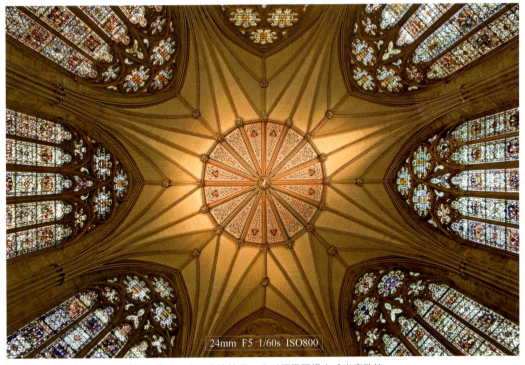

24mm F5 1/60s ISO800

在手持相机拍摄建筑的精美内饰时,由于光线较弱,此时便需要提高感光度数值

通过曝光补偿快速控制画面的明暗

曝光补偿的概念

相机的测光原理是基于18%中性灰建立的,由于数码单反相机的测光主要是由场景物体的平均反光率确定的,除了反光率比较高的场景(如雪景、云景)及反光率比较低的场景(如煤矿、夜景),其他大部分场景的平均反光率都在18%左右,而这一数值正是灰度为18%物体的反光率。因此,可以简单地将测光原理理解为:当拍摄场景中被摄物体的反光率接近于18%时,相机就会做出正确的测光。所以,在拍摄一些极端环境,如较亮的白雪场景或较暗的弱光环境时,相机的测光结果就是错误的,此时就需要摄影师通过调整曝光补偿来得到正确的曝光结果,如下图所示。

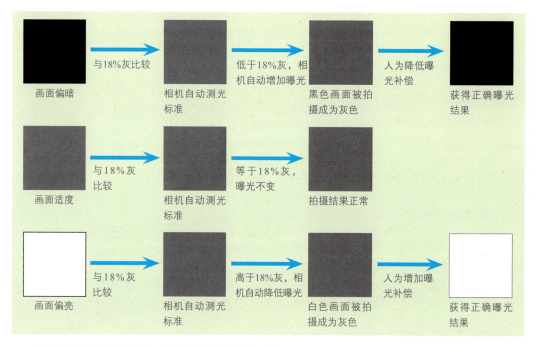

通过调整曝光补偿数值,可以改变照片的曝光效果,从而使拍摄出来的照片传达出摄影师的表现意图。例如,通过增加曝光补偿,照片轻微曝光过度以得到柔和的色彩与浅淡的阴影,使照片有轻快、明亮的效果;或者通过减少曝光补偿,照片变得阴暗。

在拍摄时,是否能够主动运用曝光补偿技术,是判断一位摄影师是否真正理解摄影的光影奥秘的标志之一。

佳能相机的曝光补偿范围 -5.0~+5.0EV，并以 1/3 级为单位进行调节。

对于入门型相机而言，需要按下曝光补偿按钮并转动主拨盘来调整曝光补偿值

对于中端和高端相机而言，直接转动速控转盘即可调整曝光补偿值

判断曝光补偿的方向

在了解曝光补偿的概念后，曝光补偿在拍摄时应该如何应用呢？曝光补偿分为正向与负向，即增加与减少曝光补偿，针对不同的拍摄题材，在拍摄时一般可使用"找准中间灰，白加黑就减"口诀来判断是增加还是减少曝光补偿。

需要注意的是，"白加"中提到的"白"并不是指单纯的白色，而是泛指一切看上去比较亮的、比较浅的景物，如雪、雾、白云、浅色的墙体、亮黄色的衣服等；同理，"黑减"中提到的"黑"，也并不是单指黑色，而是泛指一切看上去比较暗的、比较深的景物，如夜景、深蓝色的衣服、阴暗的树林、黑胡桃色的木器等。

因此，在拍摄时，若遇到了"白色"的场景，就应该做正向曝光补偿；如果遇到的是"黑色"的场景，就应该做负向曝光补偿。

应根据拍摄题材的特点进行曝光补偿，以得到合适的画面效果

正确理解曝光补偿

许多摄影初学者在刚接触曝光补偿时,以为使用曝光补偿可以在曝光参数不变的情况下,提亮或加暗画面,这种认识是错误的。

实际上,曝光补偿是通过改变光圈与快门速度来提亮或加暗画面的。即在光圈优先模式下,如果增加曝光补偿,相机实际上是通过降低快门速度来实现的;反之,如果减少曝光补偿,则通过提高快门速度来实现。在快门优先模式下,如果增加曝光补偿,相机实际上是通过增大光圈来实现的(直至达到镜头的最大光圈),因此,当光圈达到镜头的最大光圈时,曝光补偿就不再起作用;反之,如果减少曝光补偿则通过缩小光圈来实现。

下面通过两组照片及相应拍摄参数来佐证这一点。

50mm F1.4 1/10s
ISO100 +1.3EV

50mm F1.4 1/25s
ISO100 +0.7EV

50mm F1.4 1/25s
ISO100 0EV

50mm F1.4 1/25s
ISO100 −0.7EV

从上面展示的4张照片可以看出,在光圈优先模式下,改变曝光补偿,实际上是改变了快门速度。

50mm F2.5 1/50s
ISO100 −1.3EV

50mm F2.2 1/50s
ISO100 −1EV

50mm F1.4 1/50s
ISO100 +1EV

50mm F1.2 1/50s
ISO100 +1.7EV

从上面展示的4张照片可以看出,在快门优先模式下,改变曝光补偿,实际上是改变了光圈大小。

针对不同场景选择不同测光模式

当一批摄影爱好者结伴外拍时，发现在拍摄同一个场景时，有些人拍摄出来的画面曝光不一样，产生这种情况的原因就在于他可能使用了不同的测光模式，下面就来讲一讲为什么要测光，测光模式又可以分为哪几种。

佳能相机提供了4种测光模式，分别适用于不同的拍摄环境。

📮 对于入门型相机而言，按下 Q 按钮显示速控屏幕，选择测光模式选项，然后在显示的选项中选择一种测光模式即可

📮 对于中、高端相机而言，按住 ◉ 按钮并同时转动主拨盘 ⌒ 或速控转盘 ◯ 选择一种测光模式即可

评价测光模式 ◉

如果摄影爱好者是在光线均匀的环境中拍摄大场景的风光照片，如草原、山景、水景、城市建筑等题材，都应该首选评价测光模式，因为大场景风光照片通常需要考虑整体的光照，这恰好是评价测光的特色。

在该模式下，相机会将画面分为多个区域进行平均测光，此模式最适合拍摄日常及风光题材的照片。

当然，如果是拍摄雪、雾、云、夜景等这类反光率较高的场景，还需要配合使用曝光补偿技巧。

📮 色彩柔和、反差较小的风光照片，常用评价测光模式

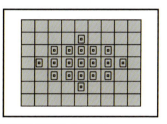

📮 评价测光模式示意图

中央重点平均测光模式 []

在拍摄环境人像时，如果还是使用评价测光模式，会发现虽然环境曝光合适，人物的肤色有时候却存在偏亮或偏暗的情况。这种情况下，其实最适合使用中央重点平均测光模式。

中央重点平均测光模式适合拍摄主体位于画面中央主要位置的场景，如人像、建筑物、背景较亮的逆光对象，以及其他位于画面中央的对象，这是因为该模式既能实现画面中央区域的精准曝光，又能保留部分背景的细节。

在中央重点平均测光模式下，测光会偏向取景器的中央部位，但也会同时兼顾其他部分的亮度。根据佳能公司提供的测光模式示意图，越靠近取景器的中心位置则灰色越深，表示这样的区域在测光时所占的权重越大；而越靠边缘的图像，在测光时所占的权重就越小。

例如，当佳能相机在测光后认为，画面中央位置的对象正确曝光组合是 F8、1/320s，而其他区域正确曝光组合是 F4、1/200s，则由于中央位置对象的测光权重较大，最终相机确定的曝光组合可能会是 F5.6、1/320s，以优先照顾中央位置对象的曝光。

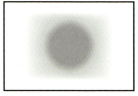

中央重点平均测光模式示意图

人物在画面的中间的拍摄，最适合使用中央重点测光模式

局部测光模式 ◉

相信摄影爱好者都见到过暗背景、明亮主体的画面，要想获得此类效果，一般可以使用局部测光模式。局部测光模式是佳能相机独有的测光模式，在该测光模式下，相机将只测量取景器中央大约 6.2%~10% 的范围。在逆光或局部光照下，如果画面背景与主体明暗反差较大（光比较大），使用这一测光模式拍摄能够获得准确的曝光。

从测光数据来看，局部测光可以认为是中央重点平均测光与点测光之间的一种测光形式，测光面积也在两者之间。

以逆光拍摄人像为例，如果使用点测光对准人物面部的明亮处测光，则拍出照片中人物面部的较暗处就会明显欠曝；反之，使用点测光对准人物面部的暗处测光，则拍出照片中人物面部的较亮处就会明显过曝。

如果使用中央重点平均测光模式进行测光，由于其测光的面积较大，而背景又比较亮，因此，拍出的照片中人物的面部就会欠曝。而使用局部测光模式对准人像面部任意一处测光，就能够得到很好的曝光效果。

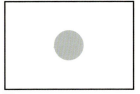

局部测光模式示意图

因画面中光线反差较大，因而使用了局部测光模式对荷花进行测光，得到了荷花曝光正常的画面

点测光模式 ⊙

不管是夕阳下的景物呈现为剪影的画面效果，还是皮肤白皙背景曝光过度的高调人像，都可以利用点测光模式来实现。

点测光是一种高级测光模式，由于相机只对画面中央区域的很小部分（也就是光学取景器中央对焦点周围约 1.5%~4.0% 的小区域）进行测光，因此，具有相当高的准确性。

由于点测光是依据很小的测光点来计算曝光量的，因此，测光点位置的选择将会在很大程度上影响画面的曝光效果，尤其是逆光拍摄或画面明暗反差较大时。

如果对准亮部测光，则可得到亮部曝光合适、暗部细节有所损失的画面；如果对准暗部测光，则可得到暗部曝光合适、亮部细节有所损失的画面。所以，拍摄时可根据自己的拍摄意图来选择不同的测光点，以得到曝光合适的画面。

点测光模式示意图

70mm F7.1 1/2000s ISO200

使用点测光模式针对天空进行测光，得到夕阳氛围强烈的照片

利用曝光锁定功能锁定曝光值

利用曝光锁定功能可以在测光期间锁定曝光值。此功能的作用是，允许摄影师针对某一个特定区域进行对焦，而对另一个区域进行测光，从而拍摄出曝光正常的照片。

佳能单反相机的曝光锁定按钮在机身上显示为"✱"。使用曝光锁定功能的方便之处在于，即使我们松开半按快门的手，重新进行对焦、构图，只要按住曝光锁定按钮，那么相机还是会以刚才锁定的曝光参数进行曝光。

▣ Canon EOS 80D相机的曝光锁定按钮

进行曝光锁定的操作方法如下：

❶ 对选定区域进行测光，如果该区域在画面中所占比例很小，则应靠近被摄物体，使其充满取景器的中央区域。

❷ 半按快门，此时在取景器中会显示一组光圈和快门速度组合数据。

❸ 释放快门，按下曝光锁定按钮✱，相机会记住刚刚得到的曝光值。

❹ 重新取景构图、对焦，完全按下快门即可完成拍摄。

50mm F3.2 1/250s ISO100

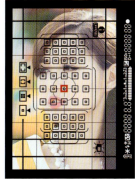

▣ 使用长焦镜头对人物面部测光示意图

▣ 先对人物的面部进行测光，锁定曝光并重新构图后再进行拍摄，从而保证面部获得正确的曝光

对焦及对焦点的概念

什么是对焦

对焦是成功拍摄的重要前提之一,准确对焦可以让主体在画面中清晰呈现,反之则容易出现画面模糊的问题,也就是所谓的"失焦"。

一个完整的拍摄过程如下所述:

首先,选定光线与拍摄主体。

其次,通过操作将对焦点移至拍摄主体上需要合焦的位置,例如,在拍摄人像时通常以眼睛作为合焦位置。

然后,对主体进行构图操作。

最后,半按快门启动相机的对焦、测光系统,再完全按下快门结束拍摄操作。

在这个过程中,对焦操作起到确保照片清晰度的作用。

什么是对焦点

相信摄影爱好者在购买相机时,都会详细查看所选相机的性能参数,其中包括该相机自动对焦点数量。

例如,入门型单反相机 650D 有 9 个对焦点,中端定位的单反相机 70D 有 19 个对焦点,准专业级全画幅相机 5D Mark Ⅲ 则有多达 61 个对焦点。

那么自动对焦点的概念是什么呢?从被摄对象的角度来说,对焦点就是相机在拍摄时合焦的位置,例如,在拍摄花卉时,如果将对焦点选在花蕊上,则最终拍摄出来的花蕊部分就是最清晰的。从相机的角度来说,对焦点是在液晶监视器及取景器上显示的数个方框,在拍摄时摄影师需要使相机的对焦框与被摄对象的对焦点准确合一,以指导相机应该对哪一部分进行合焦。

将对焦点放置在蝴蝶的头部,并使用大光圈拍摄,得到了背景虚化而蝴蝶清晰的照片

对焦示意图

根据拍摄题材选用自动对焦模式

如果说了解测光可以帮助我们正确地还原影调的话,那么选择正确的自动对焦模式,则可以帮助我们获得清晰的影像,而这恰恰是拍出好照片的关键环节之一。佳能相机提供了单次、人工智能伺服、人工智能3种自动对焦模式,下面分别介绍各种自动对焦模式的特点及适用场合。

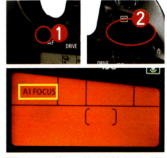

按下AF按钮,转动主拨盘 选择一种自动对焦模式即可

拍摄静止对象选择单次自动对焦(ONE SHOT)

在单次自动对焦模式下,相机在合焦(半按快门时对焦成功)之后即停止自动对焦,此时可以保持快门的半按状态重新调整构图。

单次自动对焦模式是风光摄影中最常用的对焦模式之一,特别适合拍摄静止的对象,如山峦、树木、湖泊、建筑等。当然,在拍摄人像、动物时,如果被摄对象处于静止状态,也可以使用这种对焦模式。

提示:在使用3种自动对焦模式拍摄时,如果合焦,则自动对焦点将以红色闪动,取景器中的合焦确认指示灯也会被点亮。

使用单次自动对焦模式拍摄静止的对象,画面焦点清晰,构图也更加灵活,不用拘泥于仅有的对焦点

拍摄运动的对象选择人工智能伺服自动对焦（AI SERVO）

在拍摄运动中的鸟、昆虫、人等对象时，如果摄影爱好者还使用单次伺服自动对焦模式，便会发现拍摄的大部分画面都不清晰。对于运动的主体，在拍摄时，最适合选择人工伺服自动对焦模式。

在人工智能伺服自动对焦模式下，当摄影师半按快门合焦后，保持快门的半按状态，相机会在对焦点中自动切换以保持对运动对象的准确合焦状态，如果在这个过程中被摄对象的位置发生了较大的变化，只要移动相机使自动对焦点保持覆盖主体，就可以持续进行对焦。

拍摄从水面起飞的鸟儿时，适合使用人工智能伺服自动对焦模式

拍摄动静不定的对象选择人工智能自动对焦（AI FOCUS）

越来越多的人因为家里有小孩子而购买单反相机，以记录小孩的日常，但到真正拿起相机拍他们时，发现小孩子的动和静毫无规律可言，想要拍摄好照片太难了。

佳能单反相机针对这种无法确定拍摄对象是静止还是运动状态的拍摄情况，提供了人工智能自动对焦模式。在此模式下，相机会自动根据拍摄对象是否运动来选择单次自动对焦还是人工智能伺服自动对焦。

例如，在动物摄影中，如果所拍摄的动物暂时处于静止状态，但有突然运动的可能性，此时应该使用该自动对焦模式，以保证能够将拍摄对象清晰地捕捉下来。在人像摄影中，如果模特不是处于摆拍的状态，随时有可能从静止状态变为运动状态，也可以使用这种自动对焦模式。

儿童玩耍的状态无法确定动静，因此，可以使用人工智能自动对焦模式

手选对焦点的必要性

不管是拍摄静止的对象还是拍摄运动的对象,并不是说只要选择了相对应的自动对焦模式,便能成功拍摄了,在进行了这些操作之后,还要手动选择对焦点或对焦区域的位置。

例如,在拍摄摆姿人像时,需要将对焦点位置选择在人物眼睛处,使人物眼睛炯炯有神。如果拍摄人物处于树叶或花丛的后面,对焦点的位置很重要,如果对焦点的位置在树叶或花丛中,那么拍摄出来的人物会是模糊的,而如果将对焦点位置选择在人物上,那么拍摄出来的照片会是前景虚化的唯美效果。

同样的,在拍摄运动的对象时,也需要选择对焦区域的位置,因为不管是人工智能还是人工智能伺服自动对焦模式,都是从选择的对焦区域开始追踪对焦拍摄对象的。

对于80D相机而言,按下🎯或🎯按钮后,通过多功能控制钮选择对焦点的位置,如果按下SET按钮,则选择中央对焦点(或中央对焦区域)

采用单点自动对焦区域模式手动选择对焦点拍摄,保证了对人物的灵魂——眼睛,进行准确的对焦

手选对焦点示意图

8 种情况下手动对焦比自动对焦更好

虽然大多数情况下,使用自动对焦模式便能成功对焦,但在某些场景,需要使用手动对焦才能更好地完成拍摄。在下面列举的一些情况下,相机的自动对焦系统往往无法准确对焦,此时就应该切换至手动对焦模式,然后手动调节对焦环完成对焦。

手动对焦拍摄还有一个好处,就是在对某一物体进行对焦后,只要在不改变焦平面的情况下再次构图,则不需要再进行对焦,这样就节约了拍摄时间。

将镜头上的对焦模式切换器设为MF,即可切换至手动对焦模式

建筑物	低反差
现代建筑物的几何形状和线条经常会迷惑相机的自动对焦系统,造成对焦困难。有经验的摄影师一般都采用手动对焦模式来拍摄	低反差是指被摄对象和背景的颜色或色调比较接近,例如,拍摄一片雪地中的白色雪人,使用自动对焦功能是很难对焦成功的

高对比	背景占大部分画面
当拍摄画面是对比强烈的明亮区域时,例如,在日落时,拍摄以纯净天空为背景、人物为剪影效果的画面,使用手动对焦模式对焦会比自动对焦模式好用	被摄主体在画面中较小,背景在画面较多,例如,一个小小的人站在纯净的红墙前,自动对焦系统往往不能准确、快速地对人物对焦,而切换到手动对焦,则可以做得又快又好

杂乱的场景	弱光环境
当拍摄场景中充满杂乱无章的物体,特别是当被摄主体较小,或者没有特定形状、大小、色彩、明暗时,例如,树林、挤满行人的街道等,在这样的场景中,想要成功对主体对焦,手动对焦就变得必不可少	当在漆黑的环境中拍摄时,例如,拍摄星轨、闪电或光绘时,物体的反差很小,而对焦系统依赖物体的反差度进行对焦。除非使用对焦辅助灯或其他灯光照亮拍摄对象,否则,应该使用手动对焦来完成对焦操作

微距题材	被摄对象前方有障碍物
当使用微距镜头拍摄微距题材时,由于画面的景深极浅,使用自动对焦模式往往会跑焦,所以,使用手动对焦模式将焦点对准主体进行对焦,更能提高拍摄成功率	如果被摄对象前方有障碍物,例如,拍摄笼子中的动物、花朵后面的人等,自动对焦就会对焦在障碍物而不是被摄对象上,此时使用手动对焦可以精确地对焦至主体

4 招选好对焦位置

要想拍出好照片，选择对焦位置是关键。拍摄不同的场景、不同的景深，或者营造不同的意境，都需要选择不同的对焦位置。

要拍出整体清晰的泛焦效果	当主体未能成功对焦时
当拍摄整体画面都清楚的风光照片时，除了要缩小光圈、采用广角焦距拍摄外，其对焦位置一般都选择在画面的前1/3处，因为对焦点后的景深是之前的两倍。各种光圈和焦段组合都可以使用这个法则。同时要记住，光圈越小，焦距越短，距离被摄物体越远，景深就越大	当主体不能成功对焦时，可以寻找相同距离的对象进行对焦。只要在不改变光圈、焦距及拍摄距离的情况下，保证对焦对象和主体处在相同的距离，那么便可以保证主体的清晰度

慢速快门拍摄流水时	近景和远景距离大时
使用慢速快门拍摄流水时，应该将焦点对准在静止的对象上，如旁边的植物、岩石等，从而使整个场景在经过长时间曝光后，形成鲜明的动静对比	当近景和远景距离大时，应将对焦位置选择在近景上。通常近景会比较大和抢眼，所以，最好能保持其清晰，应优先对焦

驱动模式与对焦功能的搭配使用

针对不同的拍摄任务，需要将快门设置为不同的驱动模式。例如，要抓拍高速移动的物体时，为了保证成功率，可以通过相应设置使摄影师按下一次快门能够连续拍摄多张照片。

佳能中、高端相机提供了单拍 □、高速连拍 ꛃH、低速连拍 ꛃ、静音单拍 □S、静音连拍 ꛃS、10秒自拍/遥控 ꛁ、2秒自拍/遥控 ꛁ₂ 7种驱动模式。入门级相机除了只有一种连拍模式外，其他驱动模式相同。

单拍模式

在此模式下，每次按下快门时都只能拍摄一张照片。单张拍摄模式适合拍摄静态对象，如风光、建筑、静物等题材。

静音单拍的操作方法和拍摄题材与单拍模式基本类似，但由于使用静音单拍模式时相机发出的声音更小，因此，更适合在较安静的场所进行拍摄，或拍摄易于被相机快门声音惊扰的对象。

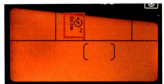

按下驱动模式选择按钮DRIVE，转动主拨盘 ⌒ 即可在液晶显示屏中选择相应的快门驱动模式

使用单拍驱动模式拍摄的各种题材列举

连拍模式

在连拍模式下,每次按下快门时都将连续进行拍摄,佳能入门级相机都提供了连拍和静音连拍两种模式,中、高端相机提供了高速连拍、低速连拍和静音连拍3种模式。以80D相机为例,其高速连拍的速度约为7张/秒,低速连拍和静音连拍的连拍速度约为3.0张/秒,即在按下快门1秒的时间里,相机将连续拍摄约7张或3张照片。

连拍模式适合拍摄运动的对象。当将被摄对象的瞬间动作全部抓拍下来以后,可以从中挑选最满意的画面。也可以利用这种拍摄模式,将持续发生的事件拍摄成为一系列照片,从而展现一个相对完整的过程。

使用高速连拍模式拍摄的小孩系列动作

自拍模式

佳能单反相机提供了两种自拍模式,可满足不同的拍摄需求。

- 10秒自拍/遥控:在此驱动模式下,可以在10秒后进行自动拍摄,此驱动模式支持与遥控器搭配使用。
- 2秒自拍/遥控:在此驱动模式下,可以在两秒后进行自动拍摄,此驱动模式也支持与遥控器搭配使用。

值得一提的是,所谓的自拍驱动模式并非只能用来给自己拍照。例如,在需要使用较低的快门速度拍摄时,可以将相机放在一个稳定的位置,并进行变焦、构图、对焦等操作,然后通过设置自拍驱动模式的方式,避免手按快门产生震动,进而拍摄到清晰的照片。

什么是大景深与小景深

举个最直接的例子,人像摄影中背景虚化的画面就是小景深画面,风光摄影中前后景物都清晰的画面就是大景深画面。

景深的大小与光圈、焦距及拍摄距离这3个要素密切相关。

当拍摄者与被摄对象之间的距离非常近,或者使用长焦距或大光圈拍摄时,就能得到很强烈的背景虚化效果;反之,当拍摄者与被摄对象之间的距离较远,或者使用小光圈或较短焦距拍摄时,画面的虚化效果则会较差。

另外,被摄对象与背景之间的距离也是影响背景虚化的重要因素。例如,当被摄对象距离背景较近时,即使使用F1.4的大光圈也不能得到很好的背景虚化效果;但当被摄对象距离背景较远时,即便使用F8的光圈,也能获得较强烈的虚化效果。

📖 大景深效果的照片

📖 小景深效果的照片

影响景深的因素：光圈

在日常拍摄人像、微距题材时，常设置大光圈以虚化背景、有效地突出主体；而拍摄风景、建筑、纪实等题材时，常设置小光圈使画面中的所有景物都能清晰地呈现。

由此可知，光圈是控制景深（背景虚化程度）的重要因素。在相机焦距不变的情况下，光圈越大，则景深越小（背景越模糊）；反之，光圈越小，则景深越大（背景越清晰）。在拍摄时想通过控制景深来使自己的作品更有艺术效果，就要合理使用大光圈和小光圈。

100mm F2.8 1/25s ISO250　　100mm F5 1/8s ISO250　　100mm F9 1/3s ISO250

▶ 从这组照片可以看出，当光圈从F2.8变化到F9时，照片的景深也逐渐变大，原本因使用了大光圈而被模糊的小饰品，由于光圈逐渐变小而渐渐清晰起来

影响景深的因素：焦距

细心的摄影初学者会发现，在使用广角端拍摄时，即使将光圈设置得很大，虚化效果也不明显，而使用长焦端拍摄时，设置同样的光圈值，虚化效果明显比广角端好。由此可知，当其他条件相同时，拍摄时所使用的焦距越长，画面的景深就越浅（小），即可以得到更明显的虚化效果；反之，焦距越短，则画面的景深就越深（大），越容易得到前后都清晰的画面效果。

70mm F2.8 1/640s ISO100　　140mm F2.8 1/640s ISO100　　200mm F2.8 1/640s ISO100

▶ 通过对使用不同的焦距拍摄的花卉进行对比可以看出，焦距越长则主体越清晰，画面的景深也越小

影响景深的因素：物距

拍摄距离对景深的影响

如果镜头已被拉至长焦端，发现背景还是虚化不够，或者使用定焦镜头拍摄时，距离主体较远，也发现背景虚化不明显，那么，此时可以考虑走近拍摄对象拍摄，以加强小景深效果。在其他条件不变的情况下，拍摄者与被摄对象之间的距离越近，则越容易得到浅景深的虚化效果；反之，如果拍摄者与被摄对象之间的距离较远，则不容易得到虚化效果。

下方的一组照片是在所有拍摄参数都不变的情况下，只改变镜头与被摄对象之间的距离时拍摄得到的。通过这组照片可以看出，当镜头距离前景位置的蜻蜓越远时，其背景的模糊效果就越差；反之，镜头越靠近蜻蜓，则拍出画面的背景虚化效果就越好。

镜头距离蜻蜓100cm

镜头距离蜻蜓70cm

镜头距离蜻蜓40cm

背景与被摄对象的距离对景深的影响

有摄影初学者问，我在拍摄时使用的是长焦焦距、较大光圈值，距离主体也较近，但是为什么还是背景虚化得不明显？观看其拍摄的画面，可以发现原因在于主体离背景非常近。拍摄时，在其他条件不变的情况下，画面中的背景与被摄对象的距离越远，越容易得到浅景深的虚化效果；反之，如果画面中的背景与被摄对象位于同一个焦平面上，或者非常靠近，则不容易得到虚化效果。

下方一组照片是在所有拍摄参数都不变的情况下，只改变被摄对象距离背景的远近拍出的。

通过这组照片可以看出，在镜头位置不变的情况下，玩偶距离背景越近，则背景的虚化程度就越低。

玩偶距离背景20cm

玩偶距离背景10cm

玩偶距离背景0cm

第3章
用好色温与白平衡让照片更出彩

白平衡与色温的概念

摄影爱好者将自己拍摄的照片与专业摄影师的照片做对比后，往往会发现除了构图、用光有差距外，色彩通常也没有专业摄影师还原得精准。原因很简单，是因为专业摄影师在拍摄时，对白平衡进行了精确设置。

什么是白平衡

简单地说，白平衡就是由相机提供的，确保摄影师在不同的光照环境下拍摄时，均能真实地还原景物颜色的设置。

无论是在室外的阳光下，还是在室内的白炽灯下，人的固有观念仍会将白色的物体视为白色，将红色的物体视为红色。有这种感觉是因为人的眼睛能够修正光源变化造成的色偏。

实际上，当光源改变时，这些光的颜色也会发生变化，相机会精确地将这些变化记录在照片中，这样的照片在校正之前看上去是偏色的，但其实这才是物体在当前环境下的真实色彩。相机配备的白平衡功能，可以校正不同光源下的色偏，就像人眼的功能一样，使偏色的照片得以纠正。例如，在晴天拍摄时，拍摄出来的画面整体会偏向蓝色调，而眼睛所看到的画面并不偏蓝，此时，就可以将白平衡模式设置为"日光"模式，使画面中的蓝色减少，还原出景物本来的色彩。

什么是色温

在摄影领域，色温用于说明光源的成分，单位用"K"表示。例如，日出日落时，光的颜色为橙红色，这时色温较低，大约为3200K；太阳升高后，光的颜色为白色，这时色温高，大约为5400K；阴天的色温还要高一些，大约为6000K。色温值越大，则光源中所含的蓝色光越多；反之，当色温值越小，光源中所含的红色光越多。

低色温的光趋于红、黄色调，其能量分布中红色调较多，因此，又通常被称为"暖光"；高色温的光趋于蓝色调，其能量分布较集中，也被称为"冷光"。通常在日落之时，光线的色温较低，因此，拍摄出来的画面偏暖，适合表现夕阳时刻静谧、温馨的感觉。为了加强这样的画面效果，可以使用暖色滤镜，或是将白平衡设置成阴天模式。晴天、中午时分的光线色温较高，拍摄出来的画面偏冷，通常这时空气的能见度也较高，可以很好地表现大景深的场景。另外，冷色调的画面可以很好地表现出清冷的感觉，以开阔视野。

后面的图例展示了不同光源对应的色温值范围，即当处于不同的色温范围时，所拍摄出来的照片的色彩倾向。

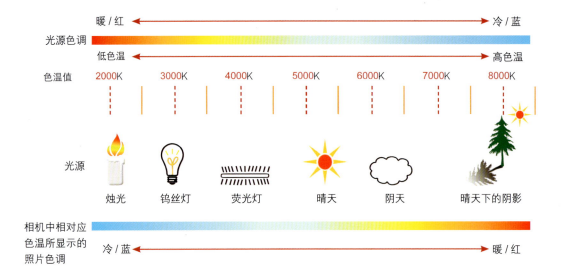

通过示例图可以看出，相机中的色温与实际光源的色温是相反的，这便是白平衡的工作原理，通过对应的补色来进行补偿。

了解色温并理解色温与光源之间的联系，使摄影爱好者可以通过在相机中改变预设白平衡模式、自定义设置色温K值，来获得色调不同的照片。

通常，当自定义设置的色温值和光源色温一致时，能获得准确的色彩还原效果；如果设置的色温值高于拍摄时现场光源的色温，则照片的颜色会向暖色偏移；如果设置的色温值低于拍摄时现场光源的色温，则照片的颜色会向冷色偏移。

这种通过手动调节色温获得不同色彩倾向或使画面向某一种颜色偏移的手法，在摄影中经常使用。

拍摄时自定义设定3500K的色温值，可以凸显雪地夜晚的寒冷感

佳能白平衡的含义与典型应用

佳能预设有自动、日光、阴影、阴天、钨丝灯、白色荧光灯及闪光灯 7 种白平衡模式。

通常情况下，使用自动白平衡就可以得到较好的色彩还原，但这不是万能的，例如，在室内灯光下或多云天气下，拍摄的画面会出现还原不正常的情况。此时就要针对不同的光线环境还原色彩，如钨丝灯、白色荧光灯、阴天等。但如果不确定应该使用哪一种白平衡，最好还是选择自动白平衡模式。

在晴天的阴影中拍摄时，由于其色温较高，使用阴影白平衡模式可以获得较好的色彩还原。阴影白平衡可以营造出比阴天白平衡更浓郁的暖色调，常应用于日落题材	在相同的现有光源下，阴天白平衡可以营造出一种较浓郁的红色的暖色调，给人温暖的感觉。适用于云层较厚的天气，或在阴天、黎明、黄昏等环境中拍摄时使用	闪光灯白平衡主要用于平衡使用闪光灯时的色温，较为接近阴天时的色温。但要注意的是，不同的闪光灯，其色温值也不尽相同，因此，需要通过实拍测试才能确定色彩还原是否准确

在空气较为通透或天空有少量薄云的晴天拍摄时，一般只要将白平衡设置为日光白平衡，就能获得较好的色彩还原。但如果是在正午时分，又或者是日出前、日落后拍摄，则不适用此白平衡	白色荧光灯白平衡模式，会营造出偏蓝的冷色调，不同的是，白色荧光灯白平衡的色温比钨丝灯白平衡的色温更接近现有光源色温，所以，显示出的色彩相对接近原色彩	钨丝灯白平衡模式适用于拍摄宴会、婚礼、舞台表演等，由于色温较低，因此可以得到较好的色彩还原。而拍摄其他场景会使画面色调偏蓝，严重影响色彩还原

黄昏时设置阴影模式拍摄，以增强画面的暖色调　　17mm F8 1/10s ISO100

手调色温：自定义画面色调

预设白平衡模式虽然可以直接设置某个色温值，但毕竟只有几个固定的值，而自动白平衡模式在光线复杂的情况下，还原色彩准确度又不高。在光线复杂的环境中拍摄时，为了使画面能够得到更为准确的还原，此时便需要手动选择色温值。佳能相机支持的色温范围为2500~10000K，并可以以100K为单位进行调整，与预设白平衡的3000~7000K色温范围相比，更加灵活、方便。

因此，在对色温有更高、更细致的要求的情况下，如使用室内灯光拍摄时，很多光源（影室灯、闪光灯等）都是有固定色温的，通常在其产品规格中就会明确标出其发光的色温值，在拍摄时可以直接通过手调色温的方式设置一个特定的色温。

如果在无法确定色温的环境中拍摄，我们可以先拍摄几张样片进行测试和校正，以便找到此环境准确的色温值。

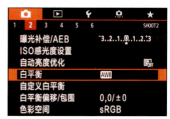

❶ 在**拍摄菜单2**中选择**白平衡**选项

❷ 当选择**色温**选项时，按◀或▶方向键或转动主拨盘可选择不同的色温值

💬 手动选择较高的色温值，得到了色调浓郁的画面

常见光源或环境色温一览表			
蜡烛及火光	1900K 以下	晴天中午的太阳	5400K
朝阳及夕阳	2000K	普通日光灯	4500~6000K
家用钨丝灯	2900K	阴天	6000K 以上
日出后一小时阳光	3500K	金卤灯	5600K
摄影用钨丝灯	3200K	晴天时的阴影下	6000~7000K
早晨及午后阳光	4300K	水银灯	5800K
摄影用石英灯	3200K	雪地	7000~8500K
平常白昼	5000~6000K	电视屏幕	5500~8000K
220 V 日光灯	3500~4000K	无云的蓝天	10000K 以上

巧妙使用白平衡为画面增彩

在日出前利用阴天白平衡拍出暖色调画面

日出前的色温都比较高,画面呈冷调效果,如果使用自动白平衡拍摄,得到的效果虽然接近自然,但给人印象不深刻。此时,如果使用阴天白平衡模式,可以让画面呈现出完全相反的暖色调效果,而且整体的色彩看起来也更加浓郁,增强了画面的感染力。

使用自动白平衡模式,画面呈现冷色调

将白平衡设置成阴天模式,画面呈现暖色调

利用白色荧光灯白平衡拍出蓝调雪景

在拍摄蓝调雪景时,画面的最佳背景色莫过于蓝色,因为蓝色与白色的明暗反差较大,因此,当蓝色映衬着白色时,白色会显得更白,这也是为什么许多城市的路牌都使用蓝底、白字的原因。

要拍出蓝调的雪景,拍摄时间应选择日出前或日落时分。日出前的光线仍然偏冷,因此,可以拍摄出蓝调的白雪;日落时分的光线相对透明,此时可使用低色温的白色荧光灯白平衡,以便获得色调偏冷的蓝调雪景。

35mm F8 1/200s ISO160

为了渲染雪地清冷的感觉,将白平衡模式设置为白色荧光灯,使画面呈现出强烈的蓝调效果

在傍晚利用钨丝灯白平衡拍出冷暖对比强烈的画面

在拍摄有暖调灯光的夜景时,使用钨丝灯白平衡可以让天空的色调显得更冷一些,而暖色灯光仍然可以维持原来的暖色调,这样就能够在画面中形成鲜明的冷暖对比,既能够突出清冷的夜色,又能利用对比突出城市的繁华。

左图为使用自动白平衡拍摄的效果,右图是设置钨丝灯白平衡后拍摄得到的画面效果,城市灯光和云霞的暖色调与天空的冷色调形成了强烈的对比,使画面更有视觉冲击力

利用低色温表现蓝调夜景

蓝调夜景一般都选择太阳刚刚落入地平线时拍摄,这时天空的色彩饱和度较高,光线能勾勒出建筑物的轮廓,比起深夜来,这段时间的天空具有更丰富的色彩。拍摄时需要把握时间,并提前做好拍摄准备。如果错过了最佳拍摄时间,可以利用手调色温的方式,将色温设置为一个较低数值,如2900K,从而人为地在画面中添加蓝色的影调,使画面呈现出纯粹的蓝调夜景。

将色温值手调至较低数值,可以使蓝调效果更加明显

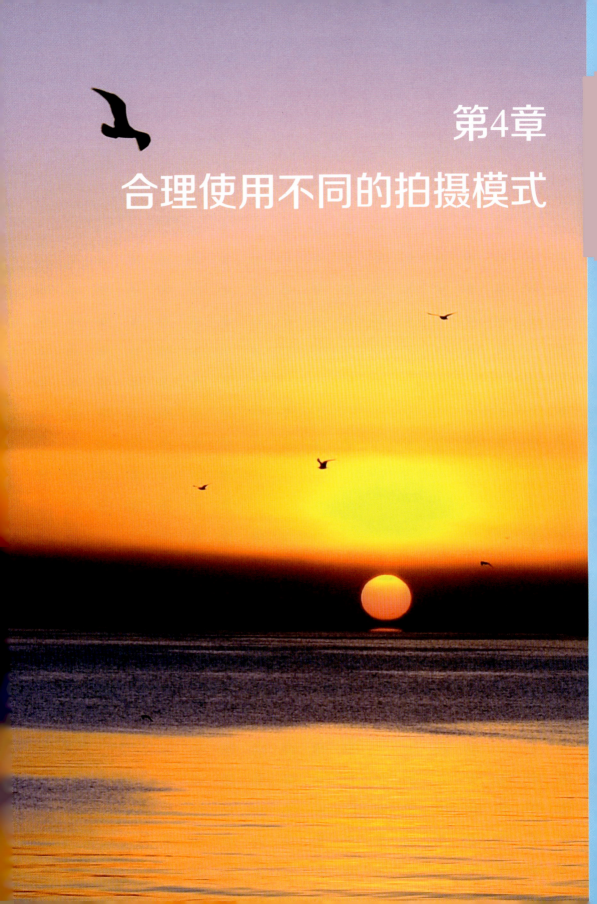

从自动挡开始也无妨

对于摄影初学者来说,还不能娴熟地调整曝光参数,但可以先学习构图、按快门按钮的技巧。对于构图、按快门按钮而言,用什么样的拍摄模式并不重要,因此,可以从自动挡开始进行练习。在使用全自动模式拍摄时,全部参数均由相机自动设定,简化了拍摄过程,降低了拍摄难度。

佳能相机提供了3种全自动模式,即场景智能自动模式、闪光灯关闭模式及创意自动模式。

场景智能自动曝光模式

场景智能自动曝光模式在佳能相机的模式转盘上显示为 。采用场景智能自动曝光模式拍摄时,相机将自动分析场景并设定最佳拍摄参数。

场景智能自动曝光模式图标

适合拍摄	所有拍摄场景
优　　点	在光线充足的情况下,可以拍摄出效果不错的照片
特别注意	在此模式下,拍摄者不能根据自己的拍摄要求来设置相机的参数

闪光灯关闭曝光模式

在一些特殊的场合或对一些特殊的对象进行拍摄时,不能开启闪光灯,例如,在某些博物馆、寺庙中拍摄时;而在拍摄婴儿时,由于闪光灯会对婴儿的眼睛造成伤害,所以,也应选择闪光灯禁用曝光模式。这种拍摄模式在佳能相机的模式转盘上显示为 。

闪光灯关闭曝光模式图标

适合拍摄	所有拍摄场景
优　　点	除关闭闪光灯外,其他方面与场景智能自动曝光模式完全相同
特别注意	如果需要使用闪光灯,一定要切换至其他支持此功能的模式
相机参数	测光模式为评价测光,对焦模式为人工智能自动对焦,自动对焦点为自动选择,内置闪光灯为关闭,照片风格为自动,其他参数均为默认

创意自动曝光模式 CA

创意自动曝光模式是佳能独有的拍摄模式，在佳能相机的模式转盘上显示为 CA。在该模式下，相机默认的设置和场景智能自动曝光模式相同，但拍摄者可以根据拍摄题材和意图调节照片的景深、闪光灯闪光、驱动模式、氛围效果等。

创意自动曝光模式图标

适合拍摄	所有拍摄场景
优　　点	创意自动曝光模式具有一定的手动选择功能，可以对闪光灯闪光、景深、氛围效果等进行调节；也可以选择单拍、连拍或自拍等驱动模式；还可以对画质和文件格式进行设置。与高级曝光模式相比，这些设置要简单易用一些，所以，非常适合摄影初学者使用
特别注意	应反复进行调试，以获得满意的效果

如前所述，在创意自动曝光模式下，可以根据摄影师的需求调整景深和色调，具体操作步骤如下：

❶ 将模式转盘转至 CA 位置。

❷ 按相机机背上的 Q 按钮，在液晶监视器上出现速控屏幕。

❸ 按 ◀▶▲▼ 方向键或点击选择不同的选项，在屏幕的底部会显示所选功能的简要介绍。

❹ 设置完参数后，完全按下快门按钮即可拍摄照片。

■氛围效果控制：在此可转动主拨盘或速控转盘设定想要在图像中表现的气氛。可以选择如鲜明、清冷、醇厚、柔和、温馨等氛围效果。

■使背景模糊/清晰：在此可以按 ◀ 或 ▶ 方向键控制背景的清晰、模糊效果。

■驱动模式：可以通过转动主拨盘设定需要的驱动模式。

■闪光灯闪光：在此可转动主拨盘或速控转盘选择"自动闪光""闪光开""闪光关"等选项。

❶ 使背景模糊/清晰
❷ 驱动模式
❸ 闪光灯闪光
❹ 氛围效果控制

使用场景模式快速"出片"

在日常拍摄中，每次拍摄的场景可能都是不同的，虽然自动挡模式是一种智能化的拍摄模式，但也不是在所有的拍摄场景都能取得好的拍摄效果，此时，可以使用场景模式来拍摄。

在场景模式下，相机会针对拍摄题材对拍摄参数进行优化组合，因而可以得到更好的拍摄效果，如拍摄人像，就可以选择人像模式，这样拍摄出来的人物皮肤会更显白皙。

佳能入门级及中端相机提供了人像模式、风景模式、运动模式、微距模式、夜景人像模式、手持夜景模式、HDR逆光控制模式7种场景模式。100D、750D、760D除了这7种场景模式外，还提供了儿童模式、食物模式、烛光模式。

和创意智能自动模式一样，场景模式也可以让拍摄者根据拍摄题材和意图，调节照片的氛围效果、闪光灯闪光、驱动模式、照明效果等设置，根据不同的场景模式，可选择的选项也会有所不同。

场景模式图标

按住模式转盘解锁按钮并同时转动模式转盘，使SCN图标对应右侧的白线标志，即为场景模式。在场景模式下，按下Q按钮显示速控屏幕，使用◀▶▲▼方向键选择拍摄模式图标，然后转动主拨盘或速控转盘选择相应的场景模式即可

使用人像场景模式拍摄的照片，并选择了温馨效果，使画面色调偏暖色

人像模式

使用此场景模式拍摄时,将在当前最大光圈的基础上进行一定的收缩,以保证获得较高的成像质量,并使人物的脸部更加柔美,背景呈漂亮的虚化效果。按住快门不放即可进行连拍,以保证在拍摄运动中的人像时,也可以成功地拍下精彩的瞬间。在开启闪光灯的情况下,使用此场景模式无法进行连拍。

适合拍摄	人像及希望虚化背景的对象
优　　点	能拍摄出层次丰富、肤色柔滑的人像照片,而且能够尽量虚化背景,以便突出主体
特别注意	当拍摄风景中的人物时,色彩可能较柔和

135mm F2.8 1/500s ISO100

风景模式

使用风景模式可以在白天拍摄出色彩艳丽的风景照片,为了保证获得足够的景深,在拍摄时会自动缩小光圈。

适合拍摄	景深较大的风景、建筑等
优　　点	色彩鲜明、锐度较高
特别注意	即使在光线不足的情况下,闪光灯也一直保持关闭状态

70mm F11 1/800s ISO200

运动模式

使用此场景模式拍摄时,相机将使用高速快门以确保拍摄的动态对象能够清晰成像,该场景模式特别适合凝固运动对象的瞬间动作。为了保证精准对焦,相机会默认采用人工智能伺服自动对焦模式,对焦点会自动跟踪运动的主体。

适合拍摄	运动对象
优　　点	方便进行运动摄影,凝固瞬间动作
特别注意	当光线不足时会自动提高感光度数值,画面可能会出现较明显的噪点;如果必须使用慢速快门,则应该选择其他曝光模式进行拍摄

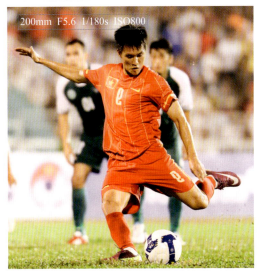

200mm F5.6 1/180s ISO800

微距模式 ❀

微距模式适合搭配微距镜头拍摄花卉、静物、昆虫等微小物体。在该模式下，将自动使用微距摄影中较为常用的F8光圈。

要注意的是，如果使用外置闪光灯搭配微距镜头进行拍摄，可能会由于镜头前的遮挡，导致部分画面无法被照亮，因此，需要使用专用的环形或双头闪光灯。

400mm F6.3 1/2500s ISO200

适合拍摄	微小主体，如花卉、昆虫等
优 点	方便进行微距摄影，色彩和锐度较高
特别注意	如果安装的是非微距镜头，那么无论如何也不可能进行细致入微的拍摄

夜景人像模式

虽然名为夜景人像模式，但实际上，只要是在光线比较暗的情况下拍摄人像，都可以使用此场景模式。选择此场景模式后，相机会自动提高感光度，并降低快门速度，以使人像与背景均得到充足的曝光。

50mm F2.8 1/160s ISO100

适合拍摄	夜间人像、室内现场光人像等
优 点	画面背景也能获得足够的曝光
特别注意	依据环境光线的不同，快门速度可能会很低，因此，建议使用三脚架保持相机的稳定

HDR逆光控制模式

在逆光条件下拍摄时,由于光线直射镜头,因此,场景明亮的地方极为明亮,而背光的部分则极为阴暗。在拍摄这样的场景时,通常将暗调的景物拍摄成为剪影,但这实际上是无奈之举,因为数码相机感光元件的宽容度有限,不可能同时表现出极亮与极暗区域的细节。

但如果使用佳能相机的HDR逆光控制模式,就可以较好地表现较亮与较暗区域的细节,从而使画面的信息量更大、细节更丰富。

此场景模式的工作原理是,连续拍摄3张照片,分别是曝光不足、标准曝光、曝光过度的效果,相机会自动将这3张照片合并成为一张具有丰富细节的照片,以同时在画面中表现较亮区域与较暗区域的细节。

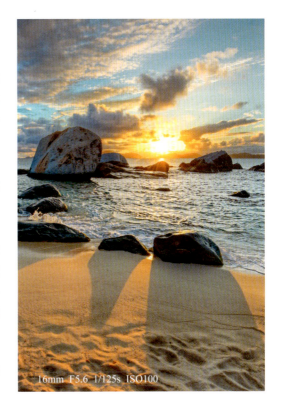

16mm F5.6 1/125s ISO100

以HDR逆光控制模式拍摄夕阳天空,得到了天空与地面的细节都很丰富的画面效果

手持夜景模式

手持夜景模式用于以手持相机的方式拍摄夜景,此时相机会自动选择较高的快门速度,连续拍摄4张图像,并在相机内部合成为一张图像。在图像被合成时,相机会对图像的错位和拍摄时的抖动进行补偿,最终得到低噪点、高画质的夜景照片。

尽管此功能所使用的技术比较成熟,但在拍摄时摄影师也应该牢固地握持相机,如果因为相机抖动等原因导致4张照片中的任何一张出现较大的错位,最终合成照片时可能无法准确对齐。

需要特别注意的是,如果使用此功能拍摄夜景中的模特,必须要告知模特一直在原地保持同一个姿势,直至4张照片全部拍完后才可以离开,否则在画面中就会出现虚影。

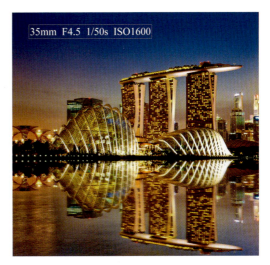

35mm F4.5 1/50s ISO1600

使用手持夜景模式拍摄的夜景照片

控制背景虚化用 Av 挡

许多刚开始学习摄影的爱好者，提出的第一个问题就是如何拍摄出人像清晰、背景模糊的照片。其实这种效果，使用光圈优先模式便可以拍摄出来，切换 Av 挡方法如右图所示。

在光圈优先曝光模式下，相机会根据当前设置的光圈大小自动计算出合适的快门速度。

在同样的拍摄距离下，光圈越大，则景深越小，即画面中的前景、背景的虚化效果就越好；反之，光圈越小，则景深越大，即画面中的前景、背景的清晰度就越高。总结成口诀就是"大光圈景浅，完美虚背景；小光圈景深，远近都清楚"。

按住模式转盘解锁按钮并同时转动模式转盘，使Av图标对应右侧的白线标志，即为光圈优先模式。在Av模式下，向右转动主拨盘可设置更高的F值（更小的光圈），向左转动主拨盘可设置更低的F值（更大的光圈）

使用光圈优先曝光模式并配合大光圈，可以得到非常漂亮的背景虚化效果，这是人像摄影中很常见的一种表现形式

使用小光圈拍摄的自然风光，画面有足够大的景深，前后景都清晰

定格瞬间动作用 Tv 挡

足球场上的精彩瞬间、飞翔在空中的鸟儿、海浪拍岸所溅起的水花等场景都需要使用高速快门抓拍，而在拍摄这样的题材时，摄影爱好者应首先想到使用快门优先模式，切换TV挡方法如右图所示。

在快门优先模式下，摄影师可以转动主拨盘从 30~1/8000s（APS-C 画幅相机为 30~1/4000s）之间选择所需快门速度，然后相机会自动计算光圈的大小，以获得正确的曝光组合。

初学者可以用口诀"快门凝瞬间，慢门显动感"来记忆，即设定较高的快门速度可以凝固快速的动作或者移动的主体；设定较低的快门速度可以形成模糊效果，从而产生动感。

按住模式转盘解锁按钮并同时转动模式转盘，使Tv图标对应右侧的白线标志，即为快门优先模式。在Tv模式下，向右转动主拨盘可设置较高的快门速度，向左转动可设置较低的快门速度

18mm F10 1/2s ISO100

使用快门优先曝光模式，将相机设置为低速快门拍摄，海浪呈现为丝线效果

匆忙抓拍用 P 挡

在拍摄街头抓拍、纪实或新闻等题材时，最适合使用 P 挡程序自动模式，此模式的最大优点是操作简单、快捷，适合拍摄快照或不用十分注重曝光控制的场景，切换 P 挡方法如右图所示。

在此拍摄模式下，相机会自动选择一种适合手持拍摄并且不受相机抖动影响的快门速度，同时还会调整光圈以得到合适的景深，以确保所有景物都能清晰呈现。摄影师还可以设置 ISO 感光度、白平衡、曝光补偿等其他参数。

按住模式转盘解锁按钮并同时转动模式转盘，使P图标对应右侧的白线标志，即为程序自动曝光模式。在P模式下，摄影师可以通过转动主拨盘来选择快门速度和光圈的不同组合

自由控制曝光用 M 挡

全手动曝光模式的优点

对于前面的曝光模式，摄影初学者问得较多的问题是："P、Av、Tv、M 这 4 种模式，哪个模式好用，比较容易上手？"专业摄影大师们往往推荐 M 模式。其实这 4 种模式并没有好用与不好用之分，只不过 P、Av、Tv 这 3 种模式，都是由相机控制部分曝光参数，摄影师可以手动设置其他一些参数；而在全手动曝光模式下，所有的曝光参数都可以由摄影师手动进行设置，因而比较符合专业摄影大师们的习惯。

具体说来，使用 M 模式拍摄还具有以下优点：

❶ 使用 M 挡全手动曝光模式拍摄时，当摄影师设置好恰当的光圈、快门速度数值后，即使移动镜头进行再次构图，光圈与快门速度的数值也不会发生变化。

❷ 使用其他曝光模式拍摄时，往往需要根据场景的亮度，在测光后进行曝光补偿操作；而在 M 挡全手动曝光模式下，由于光圈与快门速度值都是由摄影师设定的，因此，设定其他参数的同时就可以将曝光补偿考虑在内，从而省略了曝光补偿的设置过程。因此，在全手动曝光模式下，摄影师可以按自己的想法让影像曝光不足，以使照片显得较暗，给人忧伤的感觉，或者让影像稍微过曝，拍摄出明快的高调照片。

❸ 当在摄影棚拍摄并使用了频闪灯或外置非专用闪光灯时，由于无法使用相机的测光系统，而需要使用测光表或通过手动计算来确定正确的曝光值，此时就需要手动设置光圈和快门速度，从而实现正确的曝光。

按住模式转盘解锁按钮并同时转动模式转盘，使M图标对应右侧的白线标志，即为全手动曝光模式。在M模式下，转动主拨盘可以调整快门速度值，转动速控转盘可以调整光圈值。在使用入门机型的相机时，转动主拨盘调整快门速度值，按住光圈/曝光补偿按钮Av，然后转动主拨盘调整光圈值

在光线、环境没有较大变化的情况下，使用M挡手动曝光模式可以以同一组曝光参数拍摄多张不同构图或摆姿的照片

判断曝光状况的方法

在使用 M 模式拍摄时,为避免出现曝光不足或曝光过度的问题,摄影师可通过观察液晶监视器和取景器中的曝光量指示标尺的情况来判断是否需要修改当前的曝光参数组合,以及应该如何修改当前的曝光参数组合。

判断的依据就是当前曝光量标志游标的位置,当其位于标准曝光量标志的位置时,就能获得相对准确的曝光,如下方中间的图所示。

需要特别指出的是,如果希望拍出曝光不足的低调照片或曝光过度的高调照片,则需要调整光圈与快门速度,使当前曝光量游标处于正常曝光量标志的左侧或右侧,标志越向左侧偏移,曝光不足程度越高,照片越暗,如下方左侧的图所示。反之,如果当前曝光量标志在正常曝光量标志的右侧,则当前照片处于曝光过度状态,且标志越向右侧偏移,曝光过度程度越高,照片越亮,如下方右侧的图所示。

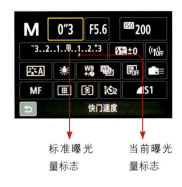

标准曝光　　当前曝光
量标志　　　量标志

💬 使用M挡拍摄的风景照片时,不用考虑曝光补偿,也不用考虑曝光锁定,当曝光量标志位于标准曝光量标志的位置时,就能获得相对准确的曝光

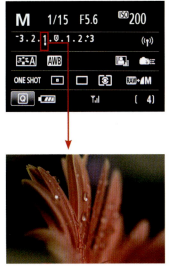

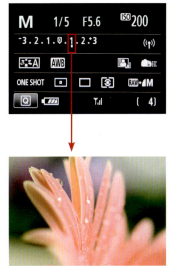

💬 当前曝光标志在标准曝光的左侧1数字处,表示当前画面曝光不足一挡,画面较为灰暗

💬 当前曝光标志在标准曝光位置处,表示当前画面曝光标准,画面明暗均匀

💬 当前曝光标志在标准曝光的右侧1数字处,表示当前画面曝光过度一挡,画面较为明亮

用 B 门拍烟花、车轨、银河、星轨

摄影初学者拍摄朵朵绽开的烟花、乌云下的闪电等照片时，往往都只能抓拍到一朵烟花或者漆黑的天空，这种情况的确让人顿时倍感失落。

其实，对于光绘、车流、银河、星轨、焰火等这种需要长时间曝光并手动控制曝光时间的题材，其他模式都不适合，应该用B门曝光模式拍摄，切换到B门的方法如右侧图所示。

在B门曝光模式下，持续地完全按下快门按钮将使快门一直处于打开状态，直到松开快门按钮时快门被关闭，才完成整个曝光过程。因此，曝光时间取决于快门按钮被按下与被释放的时间长短。

使用B门曝光模式拍摄时，为了避免所拍摄的照片模糊，应该使用三脚架及遥控快门线辅助拍摄，若不具备条件，至少也要将相机放置在平稳的地面上。

按住模式转盘解锁按钮并同时转动模式转盘，使B图标对应右侧的白线标志，即为B门曝光模式。在B门曝光模式下，转动主拨盘或速控转盘即可设置所需的光圈值

> 提示：模式转盘没有B图标的相机，需要将模式转盘转至M挡，然后转动主拨盘将快门速度调至BULB，即为B门模式。按住光圈/曝光补偿按钮Av，然后转动主拨盘可以调整光圈值。

28mm F16 60s ISO50

通过60s的长时间曝光，拍摄得到放射状的流云画面

第5章
学会这几招让你的相机更稳定

拍前深呼吸保持稳定

在户外拍摄时,不管是公园里的边走边拍,还是在山区、林区里爬上爬下,背着相机长时间运动后,人的呼吸都会变重,如果此时拿起相机就拍,过重的呼吸也有可能造成画面的抖动。

此时,除了摆出标准的持机姿势外,还要在拍摄时调整呼吸以减少身体抖动。有经验的摄影师在拍摄时,不管是使用高速快门还是低速快门,拍前都会深呼吸。调整呼吸的节奏,使呼吸变缓,减少身体的晃动,在半按快门及按下快门拍摄时更应暂停呼吸,以保证画面的清晰度。

用三脚架与独脚架保持拍摄稳定性

脚架类型及各自特点

在拍摄微距、长时间曝光题材或使用长焦镜头拍摄动物时,脚架是必备的摄影配件之一,使用它可以让相机变得更稳定,即使在长时间曝光的情况下,也能够拍摄到清晰的照片。

对比项目		说 明
铝合金	碳素纤维	铝合金脚架的价格较便宜,但较重,不便于携带 碳素纤维脚架的档次要比铝合金脚架高,便携性、抗震性、稳定性都很好,但是价格很贵
三脚	独脚	三脚架稳定性好,在配合快门线、遥控器的情况下,可实现完全脱机拍摄 独脚架的稳定性要弱于三脚架,在使用时需要摄影师来控制独脚架的稳定性。但由于其体积和重量只有三脚架的1/3,因此携带十分方便
三节	四节	三节脚管的三脚架稳定性高,但略显笨重,携带稍微不便 四节脚管的三脚架能收纳得更短,因此携带更为方便。但是在脚管全部打开时,由于尾端的脚管会比较细,稳定性不如三节脚管的三脚架好
三维云台	球形云台	三维云台的承重能力强、构图十分精准,缺点是占用的空间较大,在携带时稍显不便 球形云台体积较小,只要旋转按钮,就可以让相机迅速转移到所需要的角度,操作起来十分便利

用豆袋增强三脚架的稳定性

在大风的环境中拍摄时，再结实的三脚架也需要辅助物来增加其稳固性，一些三脚架的中杆和支架边上，设置有可以悬挂的钩子，这些就是用来挂重物的。

悬挂物可以选择豆袋或相机包等较重的物体，只要悬挂后能保证三脚架稳稳地立在地上即可，要注意悬挂物不能太轻，否则不但起不到太大的作用，反而还会被风吹得四处摇摆，从而增加三脚架的不稳定性。

将背包悬挂在三脚架上，可以提高稳定性

70mm F5.6 1/40s ISO100

在有风的天气里拍摄时，注意增强三脚架的稳定性，避免出现三脚架倒地的情况

分散脚架的承重

在海滩、沙漠、雪地拍摄时，由于沙子或雪比较柔软，三脚架的支架会不断地陷入其中，即使是质量很好的三脚架，也很难保持拍摄的稳定性。

尽管陷进足够深的地方能有一定的稳定性，但是沙子、雪会覆盖整个支架，容易造成脚架的关节处损坏。

在这样的情况下，就需要一些物体来分散三脚架的重量，一些厂家生产了"雪靴"，安装在三脚架上可以防止脚架陷入雪或沙子中。如果没有雪靴，也可以自制三脚架的"靴子"，比如平坦的石块、旧碗碟或屋顶的砖瓦都可以。

扁平状的"雪靴"可以防止脚架陷入沙地或雪地

用快门线与遥控器控制拍摄

快门线的使用方法

在拍摄长时间曝光的题材时,如夜景、慢速流水、车流,如果希望获得极为清晰的照片,只有三脚架支撑相机是不够的,因为直接用手去按快门按钮拍摄,还是会造成画面模糊。这时,快门线便派上用场了。快门线的作用就是为了尽量避免直接按下机身快门时可能产生的震动,以保证拍摄时相机保持稳定,从而获得更清晰的画面。

RS-60E3快门线

将快门线与相机连接后,可以半按快门线上的快门按钮进行对焦、完全按下快门进行拍摄,但由于不用触碰机身,因此,在拍摄时可以避免相机的抖动。佳能入门级及中端机型可以使用RS-60E3型号快门线,7D Mark II 及全画幅相机可以使用RS-80N3型号快门线。

RS-80N3快门线

拍摄夜景时,需要使用快门线配合三脚架进行拍摄

遥控器的作用

在自拍或拍集体照时,如果不想在自拍模式下跑来跑去进行拍摄,便可以使用遥控器拍摄。

如何进行遥控拍摄

使用遥控器可以在最远距离相机约5m的地方进行遥控拍摄,也可进行延时拍摄。遥控拍摄的流程如下:

❶ 将电源开关置于 ON 位置。

❷ 半按快门对被摄对象进行预先对焦。

❸ 将镜头的对焦模式开关置于 MF 位置,采用手动对焦;也可以将对焦模式开关调到 AF 位置,采用自动对焦。

❹ 按下 DRIVE 按钮选择自拍模式,转动主转盘选择 10 秒自拍 / 遥控或 2 秒自拍 / 遥控。

❺ 将遥控器朝向相机的遥控感应器并按下传输按钮,自拍指示灯点亮并拍摄照片。

除了使用遥控器拍摄外,如果使用具有无线功能的相机时,如 760D、80D、6D、5D Mark Ⅳ 等相机,可以通过 Wi-Fi 功能将相机与智能手机连接起来,然后打开手机上的 EOS Remote 软件(需提前下载安装),点击"遥控拍摄"选项,便可以在手机屏幕上实时显示画面,此拍摄方法更为方便。

佳能RC-6遥控器

佳能TC-80N3定时遥控器

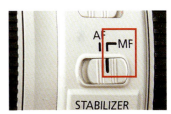

将镜头上的对焦模式开关调到MF位置,即可切换至手动对焦模式

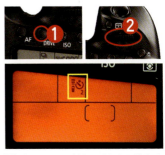

按下DRIVE按钮,转动主拨盘或速控转盘选择10秒自拍/遥控 或 2秒自拍/遥控

使用遥控器拍摄,可以很方便地和朋友合影

使用定时自拍避免机震

使用手机时,通过看液晶显示屏中显示的画面,便可以很方便地进行自拍。那么,单反相机能不能用来自拍呢?当然也是可以的。

佳能相机都提供有 2s 和 10s 自拍驱动模式,在这两种模式下,当摄影师按下快门按钮后,自拍定时指示灯会闪烁并且发出提示声音,然后相机分别于 2s 或 10s 后自动拍摄。由于在 2s 自拍模式下,快门会在按下快门 2s 后,才开始释放并曝光,因此,可以将由于手部动作造成的震动降至最低,从而得到清晰的照片。

自拍模式适用于自拍或合影,摄影师可以预先取好景,并设定好对焦,然后按下快门按钮,在 10s 内跑到自拍处或合影处,摆好姿势等待拍摄便可。

定时自拍还可以在没有三脚架或快门线的情况下,用于拍摄长时间曝光的题材,如星空、夜景、雾化的水流、车流等题材。

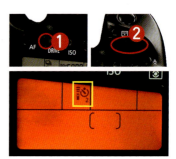

按下驱动模式选择按钮 DRIVE,转动主拨盘选择2秒自拍/遥控或10秒自拍/遥控驱动模式

当在没有三脚架的情况下想拍雾化的水流照片时,可以将相机的驱动模式设置为2秒自拍模式,然后将相机放置在稳定的地方进行拍摄,也是可以获得清晰画面的

第6章

滤镜配置与使用详解

滤镜的"方圆"之争

摄影初学者在网上商城选购滤镜时，看到滤镜有方形和圆形两种，便不知道该如何选择。通过本节内容讲解，在了解方形滤镜与圆形滤镜的区别后，摄影爱好者便可以根据自身需求做出选择了。

圆形与方形的中灰渐变镜

滤镜		圆形	方形
UV 镜 保护镜 偏振镜		这三种滤镜都是圆形的，不存在方形与圆形的选择问题	—
中灰镜	优点	可以直接安装在镜头上，方便携带及安装遮光罩	不用担心镜头口径问题，在任何镜头上都可以用
	缺点	需要匹配镜头口径，并不能通用于任何镜头	需要安装在滤镜支架上使用，因此不能在镜头上安装遮光罩了；携带不太方便
渐变镜	优点	可以直接安装在镜头上，使用起来比较方便	可以根据构图的需要调整渐变的位置
	缺点	渐变位置是不可调节的，只能拍摄天空约占画面50%的照片	需要买一个支架装在镜头前面才可以把滤镜装上

选择滤镜要对口

有些摄影爱好者拍摄风光的机会比较少，在器材投资方面，并没有选购一套滤镜的打算，因此，如果偶然有几天要外出旅游拍一些风光照片，会借朋友的滤镜，或在网上租一套滤镜。此时，需要格外注意镜头口径的问题。要知道有的滤镜并不能通用于任何镜头，不同的镜头拥有不同的口径，因此，滤镜也分为相应的各种尺寸，一定要注意了解自己所使用的镜头口径，避免滤镜拿回去以后或过大或过小，而安装不到镜头上去。

例如，EF-S 18-55mm F3.5-5.6 IS STM 镜头的口径是 58mm，EF-S 18-135mm F3.5-5.6 IS STM 镜头的口径为 67mm，而专业级的镜头，如佳能的"小白兔"EF 70-200mm F2.8L IS Ⅱ USM 镜头的口径则为 77mm。

在选择方形渐变镜时，也需要注意镜头口径的大小，如果当前镜头安装滤镜的尺寸是 82mm，那么可选择方尺寸的镜片，以方便进行调节。

UV 镜

UV 镜也叫"紫外线滤镜",是滤镜的一种,主要是针对胶片相机设计的,用于防止紫外线对曝光的影响,提高成像质量和影像的清晰度。现在的数码相机已经不存在这种问题了,但由于其价格低廉,已成为摄影师用来保护数码相机镜头的工具。因此,强烈建议摄友在购买镜头的同时也购买一款 UV 镜,以更好地保护镜头不受灰尘、手印及油渍的侵扰。

除了购买佳能原厂的 UV 镜外,肯高、HOYO、大自然及 B+W 等厂商生产的 UV 镜也不错,性价比很高。

B+W 77mm XS-PRO MRC UV镜

保护镜

如前所述,在数码摄影时代,UV 镜的作用主要是保护镜头,开发这种 UV 镜可以兼顾数码相机与胶片相机。但考虑到胶片相机逐步退出了主流民用摄影市场,各大滤镜厂商在开发 UV 镜时已经不再考虑胶片相机,因此,由这种 UV 镜演变成了专门用于保护镜头的一种滤镜:保护镜,这种滤镜的功能只有一个,就是保护价格昂贵的镜头。

与 UV 镜一样,口径越大的保护镜价格越贵,通光性越好的保护镜价格也越贵。

肯高保护镜

保护镜不会影响画面的画质,透过它拍摄出来的风景照片层次很细腻,颜色很鲜艳

19mm F22 5s ISO50

偏振镜

如果希望拍摄到具有浓郁色彩的画面、清澈见底的水面,或者想透过玻璃拍好里面的物品等,一个好的偏振镜是必不可少的。

偏振镜也叫偏光镜或 PL 镜,可分为线偏和圆偏两种,主要用于消除或减少物体表面的反光,数码相机应选择有"CPL"标志的圆偏振镜,因为在数码单反相机上使用线偏振镜容易影响测光和对焦。

在使用偏振镜时,可以旋转其调节环以选择不同的强度,在取景器中可以看到一些色彩上的变化。同时需要注意的是,偏振镜会阻碍光线的进入,大约相当于减少两挡光圈的进光量,故在使用偏振镜时,需要降低约两挡快门速度,这样才能拍出与未使用时相同曝光量的照片。

肯高 67mm C-PL(W)偏振镜

用偏振镜压暗蓝天

晴朗天空中的散射光是偏振光,利用偏振镜可以减少偏振光,使蓝天变得更蓝、更暗。加装偏振镜后所拍摄的蓝天比使用蓝色渐变镜拍摄的蓝天要更加真实,因为使用偏振镜拍摄,既能压暗天空,又不会影响其余景物的色彩还原。

使用偏振镜拍摄出来的照片,蓝天的颜色会加深,在拍摄时注意观察偏振镜的强度,避免画面中出现色彩不均匀的情况

24mm F10 1/320s ISO100

用偏振镜提高色彩饱和度

如果拍摄环境的光线比较杂乱，会对景物的颜色还原产生很大的影响。环境光和天空光在物体上形成的反光，会使景物的颜色看起来并不鲜艳。使用偏振镜进行拍摄，可以消除杂光中的偏振光，减少杂散光对物体颜色还原的影响，从而提高物体的色彩饱和度，使景物的颜色显得更加鲜艳。

60mm F4 1/320s ISO400

在镜头前加装偏振镜进行拍摄，可以改变画面的灰暗色彩，增强色彩的饱和度

用偏振镜抑制非金属表面的反光

使用偏振镜拍摄的另一个好处就是可以抑制被摄体表面的反光。在拍摄水面、玻璃表面时，经常会遇到反光的情况，使用偏振镜则可以削弱水面、玻璃及其他非金属物体表面的反光。

随着转动偏振镜，水面上的倒映物慢慢消失不见

24mm F16 1/60s ISO100

使用偏振镜消除水面的反光，从而拍摄到更加清澈的水面

中灰镜

认识中灰镜

中灰镜又被称为 ND（Neutral Density）镜，是一种不带任何色彩成分的灰色滤镜，安装在镜头前面时，可以减少镜头的进光量，从而降低快门速度。

中灰镜分为不同的级数，如 ND6（也称为 ND0.6）、ND8（0.9）、ND16（1.2）、ND32（1.5）、ND64（1.8）、ND128（2.1）、ND256（2.4）、ND512（2.7）、ND1000（3.0）。

不同级数对应不同阻光挡位，如 ND6（0.6）可降低 2 挡曝光、ND8（0.9）可降低 3 挡曝光，其他级数对应的曝光降低挡位分别为 ND16（1.2）4 挡、ND32（1.5）5 挡、ND64（1.8）6 挡、ND128（2.1）7 挡、ND256（2.4）8 挡、ND512（2.7）9 挡、ND1000（3.0）10 挡。

常见的中灰镜是 ND8（0.9）、ND64（1.8）、ND1000（3.0），分别对应降低3挡、6挡、10挡曝光。

安装了多片中灰镜的相机

通过使用中灰镜降低快门速度，拍摄到水流连成丝线状的效果

下面用一个小实例，来说明中灰镜的具体功用。

我们都知道使用较低的快门速度可以拍出如丝般的溪流、飞逝的流云效果，但在实际拍摄时，经常遇到的一个难题就是，由于天气晴朗、光线充足等原因，导致即使用了最小的光圈、最低的感光度，也仍然无法达到较低的快门速度，更不要说使用更低的快门速度拍出水流如丝般的梦幻效果。

此时就可以使用中灰镜来降低进光量。例如，在晴朗天气条件下使用 F16 的光圈拍摄瀑布时，得到的快门速度为 1/16s，使用这样的快门速度拍摄无法使水流产生很好的虚化效果，此时可以安装 ND4 型号的中灰镜，或安装两块 ND2 型号的中灰镜，使镜头的进光量降低，从而降低快门速度至 1/4s，即可得到预期的效果。在购买 ND 镜时要关注 3 个要点，第一是形状，第二是尺寸，第三是材质。

中灰镜的形状

中灰镜有方形与圆形两种。

两者相对比,圆镜属于便携类型,而方镜则更专业。因为方镜在偏色、锐度及成像的处理上要远比圆镜好。使用方镜可以避免在同时使用多块滤镜的时候出现的暗角,圆镜在叠加的时候容易出现暗角。

此外,一套方镜可以通用于口径在82mm以下的所有镜头,而不同口径的镜头需要不同的圆镜。虽然使用方镜时还需要购买支架,单块的方镜价格也比较高,但如果需要的镜头比较多,算起来还是方镜更经济。

圆形中灰镜　　　　　　　　　　方形中灰镜

中灰镜的尺寸

方形中灰镜的尺寸通常为100mm×100mm,但如果镜头的口径大于82mm,例如,佳能11-24mm、尼康14-24mm这类"灯泡镜头",对应的中灰镜的尺寸也要大一些,应该使用150mm×150mm甚至更大尺寸的中灰镜。另外,不同尺寸的中灰镜对应的支架型号也不一样,在购买时也要特别注意。

方镜系统	70mm方镜系统	100mm方镜系统	150mm方镜系统
使用镜头	镜头口径≤58mm	镜头口径≤82mm	镜头口径≤82mm/超广角
支架型号	HS-M1方镜支架系统	HS-V3方镜支架系统 HS-V2方镜支架系统	佳能14mm/F2.8L定焦专用 佳能TS-E17mm移轴专用 尼康14~24mm超广角使用 腾龙15~30mm超广角专用 蔡司T*15mm超广角专用 哈苏95mm口径馒头专用

中灰镜的材质

现在能够买到的中灰镜有玻璃与树脂两种材质。

玻璃材质的滤镜在使用寿命上远远高于树脂材质的滤镜。树脂其实就是一种塑料，通过化学浸泡置换出不同减光效果的挡位，这种材质在长时间户外风吹日晒环境下，很快就会偏色，如果照片出现严重的偏色，后期也很难校正回来。

玻璃材质的滤镜使用的是镀膜技术，质量过关的玻璃材质中灰镜使用几年也不会变色，当然价格也比树脂型中灰镜高。

产品名称	双面光学纳镀膜	树脂渐变方片	玻璃夹膜胶合	ND玻璃胶合	单面光学镀膜GND
渐变工艺	双面精密抛光 双面光学镀膜	染色	两片透明玻璃胶合染色树脂方片双面抛光	胶合后抛光	抛光后单面镀膜
材质	H-K9L光学玻璃	CR39树脂	玻璃+CR39树脂	中灰玻璃+透明玻璃	单片式透明玻璃B270
偏色	可忽略	需实测	需实测	可忽略	可忽略
清晰	是	否	—	—	—
双面减反膜	有	无	无	无	无
双面防水膜	有	无	无	无	无
防静电吸尘	强	弱	中等	中等	中等
抗刮伤	强	弱	中等	中等	中等
抗有机溶剂	强	弱	强	强	强
老化和褪色	无	有	可能有	无	无
耐高温	强	弱	中等	中等	强
LOGO掉漆	NO/激光蚀刻	YES/丝印	YES/丝印	YES/丝印	YES/丝印
抗摔性	一般	强	一般	一般	一般

中灰镜基本使用步骤

在添加中灰镜后，根据减光级数不同，画面亮度会出现一定的变化。此时再进行对焦及曝光参数的调整则会出现诸多问题，所以，只有按照一定步骤进行操作，才能让拍摄过程顺利进行。

其基本操作步骤如下：

❶ 使用自动对焦模式进行对焦，在准确合焦后，将对焦模式设为手动对焦。

❷ 建议使用光圈优先曝光模式，将ISO设置为100，通过调整光圈来控制景深，并拍摄亮度正常的画面。

❸ 将此时的曝光参数（光圈、快门、感光度）记录下来。

❹ 将曝光模式设置为M挡，并输入已经记录的，在不加中灰镜时可以得到正常画面亮度的曝光参数。

❺ 安装中灰镜。

❻ 计算安装中灰镜后的快门速度，并进行设置。快门速度设置完毕后，即可按下快门进行拍摄。

计算安装中灰镜后的快门速度

在"中灰镜基本步骤"中的第5步，需要对安装中灰镜之后的快门速度进行计算，下面介绍计算方法。

1. 自行计算安装中灰镜后的快门速度

不同型号的中灰镜可以降低不同挡数的光线。如果降低N挡光线，那么曝光量就会减少为2的N次方分之一。所以，为了让照片在安装中灰镜之后与安装中灰镜之前能获得相同的曝光，则安装之后，其快门速度应延长为未安装时的2的N次方倍。

例如，在安装减光镜之前，使画面亮度正常的曝光时间为1/125s，那么在安装ND64（减光6挡）之后，其他曝光参数不动，将快门速度延长为 1/125 × 2^6≈1/2s即可。

2. 通过后期 APP 计算安装中灰镜后的快门速度

无论是在苹果手机的APP Store中，还是在安卓手机的各大应用市场中，均能搜到多款计算安装中灰镜后所用快门速度的APP，此处以Long Exposure Calculator为例介绍计算方法。

❶ 打开APP：Long Exposure Calculator。
❷ 在第一栏中选择所用的中灰镜。
❸ 在第二栏中选择未安装中灰镜时，让画面亮度正常所用的快门速度。
❹ 在最后一栏中则会显示不改变光圈和快门的情况下，加装中灰镜后，能让画面亮度正常的快门速度。

Long Exposure Calculator APP

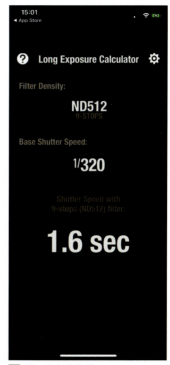

快门速度计算界面

中灰渐变镜

认识渐变镜

在慢门摄影中，当在日出、日落等明暗反差较大的环境下，拍摄慢速水流效果的画面时，如果不安装中灰渐变镜而直接对地面景物进行长时间曝光，按地面景物的亮度进行测光并进行曝光，天空就会成为一片空白而失去所有细节。

要解决这个问题，最好的选择就是用中灰渐变镜来平衡天空与地面的亮度。

渐变镜又被称为GND（Gradient Neutral Density）镜，是一种一半透光、一半阻光的滤镜，在色彩上也有很多选择，如蓝色、茶色等。在所有的渐变镜中，最常用的是中性灰色的渐变镜。

拍摄时将中灰渐变镜上较暗的一侧安排在画面中天空的部分，由于深色端有较强的阻光效果，因此，可以减少进入相机的光线，从而保证在相同的曝光时间内，画面上较亮的区域进光量少，与较暗的区域在总体曝光量上趋于相同，使天空层次更丰富，而地面的景观也不至于黑成一团。

1.3s的长时间曝光使海岸礁石拥有丰富的细节，中灰渐变镜则保证天空不会过曝，并且得到了海面雾化的效果

中灰渐变镜的形状

中灰渐变镜有圆形与方形两种。圆形渐变镜是直接安装在镜头上的，使用起来比较方便，但由于渐变是不可调节的，因此只能拍摄天空约占画面50%的照片。与使用方形中灰镜一样，使用方形渐变镜时，也需要买一个支架装在镜头前面，只有这样才可以把滤镜装上，其优点是可以根据构图的需要调整渐变的位置，而且可以根据需要叠加使用多个中灰渐变镜。

▣ 不同形状的中灰渐变镜

▣ 安装多片渐变镜的效果

中灰渐变镜的挡位

中灰渐变镜分为GND0.3、GND0.6、GND0.9、GND1.2等不同的档位，分别代表深色端和透明端的档位相差1挡、2挡、3挡及4挡。

▣ 方形中灰渐变镜安装方式　　▣ 托架上安装方形中灰渐变镜后的相机

硬渐变与软渐变

根据中灰渐变镜的渐变类型，可以分为软渐变（GND）与硬渐变（H-GND）两种。

软渐变镜40%为全透明，中间35%为渐变过渡，顶部的25%区域颜色最深，当拍摄的场景中天空与地面过渡部分不规则，如有山脉或建筑、树木时使用。

硬渐变的镜片，一半透明，一半为中灰色，两者之间有少许过渡区域，常用于拍摄海平面、地平面与天空分界线等非常明显的场景。

▣ 软渐变镜

如何选择中灰渐变镜挡位

在使用中灰渐变镜拍摄时，先分别对画面亮处（即需要使用中灰渐变镜深色端覆盖的区域）和要保留细节处测光（即渐变镜透明端覆盖的区域），计算出这两个区域的曝光相差等级，如果两者相差1挡，那么就选择0.3的镜片；如果两者相差2挡，那么就选择0.6的镜片，以此类推。

▣ 硬渐变镜

反向渐变镜

虽然标准的中灰渐变镜非常好用,但并不代表可以适用于所有的情况。

例如,在拍摄太阳角度较低的日出、日落时,画面中前景会很暗,但靠近太阳的地平线处却非常亮。标准渐变滤镜只能压暗天空或前景的亮度,不适用于这样的场景。而反向渐变镜与标准的中灰渐变镜不同,反向渐变镜是一种特殊的硬边灰渐变镜,其颜色最深的部分在镜片的中央,越向上颜色越淡。

所以,在镜头前安装反向渐变镜进行拍摄,可以得到从中间位置开始向画面上方减光效果逐步减弱的效果。完成拍摄后,太阳所处位置由于减光幅度最大,因此,有较好的细节,而画面的上方也同时能够表现出理想的细节。

24mm F6.3 1/2s ISO100

拍摄时太阳还处于地平线处,是整个环境中最亮的部分,为了不损失过多的细节,在镜头前安装了反向渐变镜,压暗位于画面中间位置的太阳部分,得到整体细节都较丰富的画面

反向渐变镜

如何搭配选购中灰渐变镜

- 如果购买一片,建议选GND 0.6或GND0.9。
- 如果购买两片,建议选GND0.6与GND0.9两片组合,可以通过组合使用覆盖2~5挡曝光。
- 如果购买三片,可选择软GND0.6+软GND0.9+硬GND0.9。
- 如果购买四片,建议选择GND0.6+软GND0.9+硬GND0.9+GND0.9反向渐变,硬边用于海边拍摄,反向渐变用于日出日落拍摄。

第7章
佳能镜头详解

读懂佳能镜头参数

虽然有些摄影师手中有若干镜头，但不一定都了解镜头上数字或字母的含义。所以，当摄影界的"老法师"拿起镜头，口中念念有词道"二代""带防抖""恒定光圈"时，摄影初学者往往羡慕不已，却不知其意。其实，只要能够熟记镜头上数字和字母代表的含义，就能很快地了解一款镜头的性能指标。

$$\underbrace{\text{EF}}_{\text{❶}}\ \underbrace{\text{24-105mm}}_{\text{❷}}\ \underbrace{\text{F4}}_{\text{❸}}\ \underbrace{\text{L IS USM}}_{\text{❹}}$$

❶ 镜头种类

■ EF

适用于 EOS 相机所有卡口的镜头均采用此标记。如果是 EF，则不仅可用于胶片单反相机，还可用于全画幅、APS-H 尺寸及 APS-C 尺寸的数码单反相机。

■ EF-S

EOS 数码单反相机中使用 APS-C 尺寸图像感应器机型的专用镜头。S 为 Small Image Circle（小成像圈）的首字母缩写。

■ MP-E

最大放大倍率在 1 倍以上的 "MP-E 65mm F2.8 1-5x 微距摄影"镜头所使用的名称。MP 是 Macro Photo（微距摄影）的缩写。

❷ 焦距

表示镜头焦距的数值。定焦镜头采用单一数值表示，变焦镜头分别标记焦距范围两端的数值。

❸ 最大光圈

表示镜头所拥有最大光圈的数值。光圈恒定的镜头采用单一数值表示，如 EF 70-200mm F2.8 L IS USM；浮动光圈的镜头标出光圈的浮动范围，如 EF-S 18-135mm F3.5-5.6 IS。

❹ 镜头特性

■ L

L 为 Luxury（奢侈）的缩写，表示此镜头属于高端镜头。此标记仅赋予佳能内部特别标准的、具有优良光学性能的高端镜头。

■ Ⅱ、Ⅲ

镜头基本上采用相同的光学结构，仅在细节上有微小差异时，添加该标记。Ⅱ、Ⅲ 表示是同一光学结构镜头的第 2 代和第 3 代。

■ USM

表示自动对焦机构的驱动装置采用了超声波马达（USM）。USM 将超声波振动转换为旋转动力从而驱动对焦。

■ 鱼眼（Fisheye）

表示对角线视角为 180 度（全画幅时）的鱼眼镜头。之所以称之为鱼眼，是因为其画面接近于鱼从水中看陆地的视野。

■ IS

IS 是 Image Stabilizer（图像稳定器）的缩写，表示镜头内部搭载了光学式手抖动补偿机构。

买原厂镜头还是副厂镜头

摄影爱好者通常都会面临"买原厂镜头还是副厂镜头"的抉择。

这时摄影爱好者的耳边不免会有这样或那样的不同说法,如原厂镜头质量好、好的原厂镜头太贵、副厂镜头也不差等建议,下面就从原厂与副厂概念开始来了解它们之间的区别。

原厂镜头自然是指佳能公司生产的 EF 卡口镜头,由于是同一厂商开发的产品,因此,更能够充分发挥相机与镜头的性能,在镜头的分辨率、畸变控制及质量等方面都是出类拔萃的,但其价格不够平民化。

相对原厂镜头高昂的售价,副厂(第三方厂商)镜头似乎拥有更高的性价比,其中比较知名的品牌有腾龙、适马、图丽等。以腾龙SP AF 28-75mm F2.8 XR Di LD ASL IF 镜头为例,在拥有不逊于原厂同焦段镜头 EF 24-70mm F2.8 L USM 画面质量的情况下,其售价大约只有原厂镜头的1/3,因而得到了很多用户的青睐。

当然,副厂镜头也有其不可避免的缺点,比如镜头的机械性能、畸变及色散控制等方面都与原厂镜头有一些差距。

所以,我们的建议是,对于资金充足、对画质要求严苛、"原厂控"的摄影爱好者,建议选择原厂镜头;而对于资金有限、对画质没有严苛标准的摄影爱好者,建议选择副厂镜头。

EF 24-70mm F2.8L II USM

腾龙SP AF 28-75mm F2.8 XR Di LD ASL IF

原厂镜头搭配全画幅相机拍摄出的风光照片,画质非常好

17mm F10 20s ISO50

学会换算等效焦距

摄影爱好者常用的佳能单反相机，一般分为两种画幅，一种是全画幅相机，一种是APS-C画幅相机。

佳能APS-C画幅相机的CMOS感光元件的尺寸为22.3mm×14.9mm，由于比全画幅的感光元件（36mm×24mm）小，因此，其视角也会变小。但为了与全画幅相机的焦距数值统一，也为了便于描述，一般通过换算的方式得到一个等效焦距，佳能APS-C画幅相机的焦距换算系数为1.6。

因此，如果将焦距为100mm的镜头装在全画幅相机上，其焦距仍为100mm；但如果将其装在70D相机上时，焦距就变为了160mm，用公式表示为：**APS-C等效焦距＝镜头实际焦距×转换系数（1.6）**。

学习换算等效焦距的意义在于，摄影爱好者要了解同样一支镜头安装在全画幅相机与APS-C画幅相机所带来的不同效果。例如，如果摄影爱好者的相机是APS-C画幅，但是想购买一支全画幅定焦镜头用于拍摄人像，那么就要考虑到焦距的选择。通常85mm左右焦距拍摄出来的人像是最为真实、自然的，在购买时，不能直接选择85mm的定焦镜头，而是应该选择50mm的定焦镜头，因为其换算焦距后等于80mm，拍摄出来的画面基本与85mm焦距效果一致。

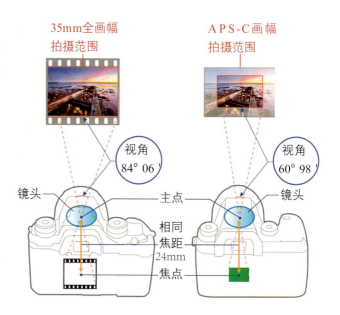

假设此照片是使用全画幅相机拍摄的，那么在相同的情况下，使用APS-C画幅相机就只能拍摄到图中红色框中所示的范围

了解焦距对视角、画面效果的影响

焦距对于拍摄视角有非常大的影响,例如,使用广角镜头的14mm焦距拍摄时,其视角能够达到114°;而如果使用长焦镜头的200mm焦距拍摄时,其视角只有12°。不同焦距镜头对应的视角如下图所示。

由于不同焦距镜头的视角不同,因此,不同焦距镜头适用的拍摄题材也有所不同。比如焦距短、视角宽的广角镜头常用于拍摄风光;而焦距长、视角窄的长焦镜头则常用于拍摄体育比赛、鸟类等位于远处的对象。要记住不同焦距段的镜头的特点,可以从下面这句口诀开始:"短焦视角广,长焦压空间,望远景深浅,微距景更短。"

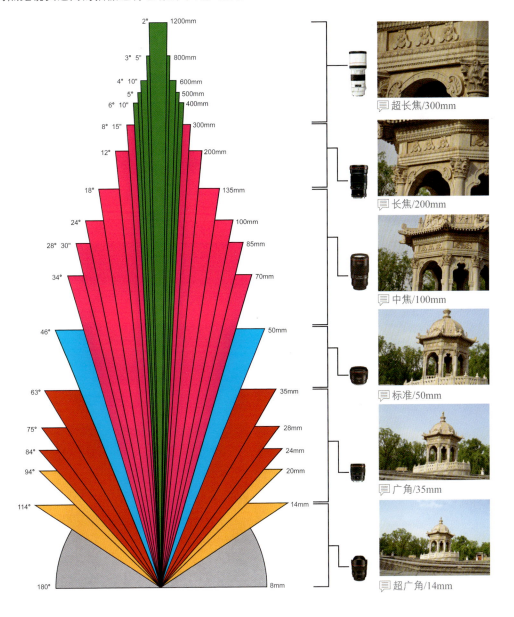

明白定焦镜头与变焦镜头的优劣

在选购镜头时，除了要考虑原厂、副厂、拍摄用途之外，还涉及定焦与变焦镜头之间的选择。

如果用一句话来说明定焦与变焦的区别，那就是："定焦取景基本靠走，变焦取景基本靠扭"。由此可见，两者之间最大的区别就是一个焦距固定，另一个焦距不固定。

下面通过表格来了解一下两者之间的区别。

▣ 佳能EF 50mm F1.2 L USM定焦镜头

定焦镜头	变焦镜头
佳能 EF 85mm F1.2L II USM	EF-S 15-85mm F3.5-5.6 IS USM
恒定大光圈	浮动光圈居多，少数为恒定大光圈
最大光圈可以达到F1.8、F1.4、F1.2	只有少数镜头的最大光圈能够达到F2.8
焦距不可调节，改变景别靠走	可以调节焦距，改变景别不用走
成像质量优异	大部分镜头成像质量不如定焦镜头
除了少数超大光圈镜头，其他定焦镜头都售价低于恒定光圈的变焦镜头	生产成本较高，使得恒定光圈的变焦镜头售价较高

▣ 佳能EF 70-200mm F2.8 L Ⅱ IS USM变焦镜头

▣ 在这组照片中，摄影师只需选好合适的拍摄位置，就可利用变焦镜头拍摄出不同景别的人像作品

大倍率变焦镜头的优势

变焦范围大

大倍率变焦镜头是指那些拥有较大的变焦范围，通常都具有 5 倍、10 倍甚至更高的变焦倍率。

价格亲民

这类镜头的价格普遍不高，即便是原厂镜头，在价格上也相对较低，使得普通摄影爱好者也能够消费得起。

在各种环境下都可发挥作用

大倍率变焦镜头的大变焦范围，让用户在各种情况下都可以轻易实现拍摄。比如参加活动时，常常是在拥挤的人群中拍摄，此时可能根本无法动弹，或者在需要抓拍、抢拍时，如果镜头的焦距不合适，则很难拍摄到好的照片。而对于焦距范围较大的大倍率变焦镜头来说，则几乎不存在这样的问题，在拍摄时可以通过随意变焦，以各种景别对主体进行拍摄。

又如，在拍摄人像时，可以使用广角或中焦焦距拍摄人物的全身或半身像，在摄影师保持不动的情况下，只需要改变镜头的焦距，就可以轻松地拍摄人物的脸部甚至是眼睛的特写。

大倍率变焦镜头可以让摄影师在同一位置拍摄到不同景别的照片

大倍率变焦镜头的劣势

成像质量不佳

由于变焦倍率高、价格低廉等原因,大倍率变焦镜头的成像质量通常都处于中等水平。但如果在使用时避免使用最长与最短焦距,在光圈设置上避免使用最大光圈或最小光圈,则可以有效改善画质,因为在使用最大和最小光圈拍摄时,成像质量下降、暗角及畸变等问题都会表现得更为明显。

机械性能不佳

大倍率变焦镜头很少会采取防潮、防尘设计,尤其是在变焦时,通常会向前伸出一截或两截镜筒,这些位置不可避免地会有间隙,长时间使用时难免会进灰,因此,在平时应特别注意尽量不要在潮湿、灰尘较大的环境中使用。

另外,对于会伸出镜筒的镜头,在使用一段时间后,也容易出现阻尼不足的问题,即当相机朝下时,镜筒可能会自动滑出。因此,在日常使用时,应尽量避免用力、急速地拧动变焦环,以延长阻尼的使用寿命。当镜头提供变焦锁定开关时,还应该在不使用的时候锁上此开关,避免自动滑出的情况出现。

▤ 镜头上的变焦锁定开关,朝镜头前端一推是锁定,朝镜头后端一推是解锁

▤ 外出旅游时,带一支大倍率变焦镜头即可满足拍摄需求

20mm F22 1/2s ISO200

恒定光圈镜头与浮动光圈镜头

恒定光圈镜头

恒定光圈，即指在镜头的任何焦段下都拥有相同的光圈。对于定焦镜头而言，其焦距是固定的，光圈也是恒定的，因此，恒定光圈对于变焦镜头的意义更为重要。如佳能 EF 24-70mm F2.8L USM 就拥有恒定 F2.8 的大光圈，可以在 24mm～70mm 之间的任意一个焦距下拥有 F2.8 的大光圈，以保证充足的进光量，或更好的虚化效果。

恒定光圈镜头：佳能EF 24-70mm F2.8 L USM

浮动光圈镜头

浮动光圈，是指光圈会随着焦距的变化而改变，例如佳能 EF-S 10-22mm F3.5-4.5 USM，当焦距为 10mm 时，最大光圈为 F3.5；而焦距为 22mm 时，其最大光圈就自动变为了 F4.5。

很显然，恒定光圈的镜头使用起来更方便，因为可以在任何一个焦段下获得最大光圈，但其价格也往往较贵。而浮动光圈镜头的性价比较高则是其较大的优势。

浮动光圈镜头：佳能EF-S 10-22mm F3.5-4.5 USM

135mm F2.8 1/320s ISO200

人像定焦镜头都是恒定光圈头，不仅能够得到唯美虚化的背景，还能保证照片的画质

购买镜头时合理的搭配原则

普通的摄影爱好者在选购镜头时应该特别注意各镜头的焦段搭配,尽量避免重合,甚至可以留出一定的"中空"。

比如佳能的"大三元"系列的 3 支镜头,即 EF 16-35mm F2.8 L Ⅱ USM、EF 24-70mm F2.8L Ⅱ USM、EF 70-200mm F2.8 L IS Ⅱ USM 镜头,覆盖了从广角到长焦最常用的焦段,并且各镜头之间焦距的衔接极为紧密,即使是专业摄影师,也能够满足其绝大部分拍摄需求。

广角焦段	中焦焦段	长焦焦段
EF 16-35mm F2.8 L Ⅱ USM	EF 24-70mm F2.8L Ⅱ USM	EF 70-200mm F2.8 L IS Ⅱ USM

广角镜头有宽阔的视野,很好地表现出了城市的繁华景象

适合微单的广角镜头：EF-M 15-45mm F3.5-6.3 IS STM

这款镜头是一款从广角兼顾中远摄的标准变焦镜头，能够适应风光、人像到街拍等众多领域。作为 EF-M 系列的一款轻便型变焦镜头，其重量仅为约 130 克，当镜头收回时，其最小长度仅约 44.5 毫米，与佳能微单相机搭配使用，非常地小巧轻便，适合作为挂机镜头。其换算焦距后可覆盖相当于约 24-72mm 的拍摄视角，安装在 APS-C 画幅微单相机上，也是非常实用的焦距段。

此款镜头配备有 IS 影像稳定器，最大能够获得相当于提高约 3.5 级快门速度的手抖动补偿效果。在自动对焦方面，镜头采用了 STM 步进马达，可以实现安静且流畅的自动对焦驱动，这一特性使得在使用自动对焦拍摄短片时更具优势。

镜片结构	9 组 10 片
光圈叶片数	7
最大光圈	F3.5~6.3
最小光圈	F22~F38
最近对焦距离（cm）	25
最大放大倍率	0.25
滤镜尺寸（mm）	49
规格（mm）	60.9×44.5
质量（g）	130
等效焦距（mm）	24~72

适合微单的长焦镜头：EF-M 55-200mm F4.5-6.3 IS STM

这款镜头换算焦距后相当于约 88-320mm。在近摄端与经典的人像焦距 85mm 相近，再加上镜头的 7 片叶片结构能够形成柔和美丽的虚化效果，因此特别适合人像题材拍摄；而在长焦端，则可以将远处的对象拉近，来获得简洁的画面，因此适合拍摄体育运动、野生鸟类等题材。

这款镜头搭载有 IS 影像稳定器，可以最大相当于提高约 3.5 级快门速度的手抖动补偿效果，即使在使用 200mm 焦距拍摄时，也无须担心抖动带来的画质影响。除此之外，镜头配置了 UD（超低色散）镜片和非球面镜片，能够有效地减少色像差和畸变，在各个焦段下都能获得高质量的画面。

虽然它是一款中焦到长焦的镜头，但因为采用新型光学结构，所以体积和重量并不夸张，无论是日常抓拍还是旅行使用，携带都十分方便。

镜片结构	11 组 17 片
光圈叶片数	7
最大光圈	F4.5~6.3
最小光圈	F22~32
最近对焦距离（cm）	100
最大放大倍率	0.21
滤镜尺寸（mm）	52
规格（mm）	60.9×86.5
质量（g）	260
等效焦距（mm）	88~320

选择一支合适的广角镜头：EF 16-35mm F4 L IS USM

这款镜头是"佳能小三元"中的最新一款产品，跟"大三元"中的 EF 16-35mm F2.8 L Ⅱ USM 相比，只是小了一挡光圈而已，但价格更加合适。

这款镜头使用了两片超低色散镜片，能有效减少光线的色散，提高镜头的反差和分辨率；还使用了 3 片非球形镜片，大大降低了使用广角端拍摄时出现成像畸变的可能性。

它的成像质量非常优异，在大光圈下的画面边缘也能锐利成像，广角畸变的控制较强，镜头搭载了 IS 防抖功能，最大可获得约 4 级快门速度补偿，即使是在夜晚或室内等昏暗的场景下拍摄，也能轻而易举地获得清晰的照片。即使装在佳能 APS-C 画幅相机上，等效焦距也有 26mm~56mm，既能拍摄风光，又能满足其他日常拍摄的要求。

镜片结构	12 组 16 片
光圈叶片数	9
最大光圈	F4
最小光圈	F22
最近对焦距离（cm）	28
最大放大倍率	0.23
滤镜尺寸（mm）	77
规格（mm）	82.6×112.8
质量（g）	615
等效焦距（mm）	26~56

选择一支合适的中焦镜头：EF 85mm F1.8 USM

这是一款人像摄影专用镜头。佳能共发布了两款人像摄影专用镜头，另一款是 EF 85mm F1.2 L Ⅱ USM，但它的价格上万，并不适合普通摄友使用。而 EF 85mm F1.8 USM 的价格只有两千多元，是非常超值的人像摄影镜头。

这款镜头的最大光圈达到了 F1.8，在室外拍摄人像时可以获得非常优异的焦外成像，这种散焦效果呈圆形，要比 EF 50mm F1.4 的六边形散焦更加漂亮。不过在使用 F1.8 最大光圈时会有轻微的紫边现象，把光圈缩小到 F2.8 之后，画质会十分优秀。

镜片结构	7 组 9 片
光圈叶片数	8
最大光圈	F1.8
最小光圈	F22
最近对焦距离（cm）	85
最大放大倍率	0.13
滤镜尺寸（mm）	58
规格（mm）	75×71.5
质量（g）	425
等效焦距（mm）	136

选择一支合适的长焦镜头：EF 70-200mm F2.8 L IS Ⅱ USM

这款"小白IS""爱死小白"的第二代产品，被人们亲昵地冠以"小白兔"的绰号。作为佳能 EOS 顶级 L 镜头的代表，它采用了 5 片超低色散镜片和 1 片萤石镜片的组合，对色像差进行了良好的补偿。在镜头对焦镜片组（第 2 组镜片）配置的超低色散镜片，可以对对焦时容易出现的倍率色像差进行补偿。采用优化的镜片结构及超级光谱镀膜，可以有效地抑制眩光与鬼影。全新的 IS 影像稳定器可带来相当于约 4 级快门速度的手抖动补偿效果。

总的来说，这款镜头囊括了几乎佳能所有的高新技术，性能是绝对有保障的。

镜片结构	19 组 23 片
光圈叶片数	8
最大光圈	F2.8
最小光圈	F32
最近对焦距离（cm）	120
最大放大倍率	0.21
滤镜尺寸（mm）	77
规格（mm）	89×199
质量（g）	1490
等效焦距（mm）	112~320

选择一支合适的微距镜头：EF 100mm F2.8 L IS USM

在微距摄影中，100mm 左右焦距的 F2.8 专业微距镜头，被人称为"百微"，也是各镜头厂商的必争之地。

从尼康 105mm F2.8 镜头加入 VR 防抖功能开始，各"百微"镜头也纷纷升级各自的防抖功能。佳能这款镜头就是典型的代表之一，其双重 IS 影像稳定器能够在通常的拍摄距离下实现约相当于 4 级快门速度的手抖动补偿效果；当放大倍率为 0.5 倍时，能够获得约相当于 3 级快门速度的手动补偿效果；当放大倍率为 1 倍时，能够获得约相当于 2 级快门速度的手抖动补偿效果，为手持微距拍摄提供了更大的保障。

这款镜头包含了 1 片对色像差有良好补偿效果的超低色散镜片，优化的镜片位置和镀膜可以有效抑制鬼影和眩光的产生。为了保证能够得到漂亮的虚化效果，镜头采用了圆形光圈，为塑造唯美的画面效果创造了良好的条件。

镜片结构	12 组 15 片
光圈叶片数	9
最大光圈	F2.8
最小光圈	F32
最近对焦距离（cm）	30
最大放大倍率	1
滤镜尺寸（mm）	67
规格（mm）	77.7×123
质量（g）	625
等效焦距（mm）	160

第8章

拍摄 Vlog 视频或微电影需要准备的硬件及软件

视频拍摄稳定设备

手持式稳定器

在手持相机的情况下拍摄视频,往往会产生明显的抖动。这时就需要使用可以让画面更稳定的器材,比如手持稳定器。

这种稳定器的操作无需练习,只要选择相应的模式,就可以拍出比较稳定的画面,而且体积小、重量轻,非常适合业余视频爱好者使用。

在拍摄过程中,稳定器会不断自动进行调整,从而抵消掉手抖或者在移动时所造成的相机震动。

由于此类稳定器是电动的,所以在搭配上手机 APP 后,可以实现一键拍摄全景、延时、慢门轨迹等特殊功能。

小斯坦尼康

斯坦尼康(Steadicam),即摄像机稳定器,由美国人 Garrett Brown 发明,自 20 世纪 70 年代开始逐渐为业内人士普遍使用。

这种稳定器属于专业摄像的稳定设备,主要用于手持移动录制。虽然同样可以手持,但它的体积和重量都比较大,适用于专业摄像机使用,并且是以穿戴式手持设备的形式设计出来的,所以对于普通摄影爱好者来说,斯坦尼康显然并不适用。

因此,为了在体积、重量和稳定效果之间找到一个平衡点,小斯坦尼康问世了。

这款稳定设备在大斯坦尼康的基础上,对体积和重量进行了压缩,从而无需穿戴,只要手持即可使用。

由于其依然具有不错的稳定效果,所以即便是专业的视频制作工作室,在拍摄一些不是很重要的素材时依旧会使用。

◉ 小斯坦尼康

但需要强调的是,无论是斯坦尼康,还是小斯坦尼康,都是采用的纯物理减震原理,所以需要一定的练习才能实现良好的减震效果。因此只建议追求专业级摄像的人员使用。

单反肩托架

单反肩托架，又是一个相比小巧便携的稳定器而言更专业的稳定设备。

肩托架并没有稳定器那么多的智能化功能，但它结构简单，没有任何电子元件，在各种环境下均可以使用，并且只要掌握一定的方法，在稳定性上也更胜一筹。毕竟通过肩部受力，大大降低了手抖和走动过程中造成的画面抖动。

不仅仅是单反肩托架，在利用其他稳定器拍摄时，如果掌握一些拍摄技巧，同样可以增加画面稳定性。

摄像专用三脚架

与便携的摄影三脚架相比，摄像三脚架为了更好地稳定性而牺牲了便携性。

一般来讲，摄影三脚架在三个方向上各有1根脚管，也就是三脚管。而摄像三脚架在三个方向上最少各有3根脚管，也就是共有9根脚管，再加上底部的脚管连接设计，其稳定性要高于摄影三脚架。另外，脚管数量越多的摄像专用三脚架，其最大高度也更高。

云台方面，为了在摄像时能够实现单一方向上精确、稳定地转换视角，所以摄像三脚架一般使用带摇杆的三维云台。

滑轨

相比稳定器，利用滑轨移动相机录制视频可以获得更稳定、更流畅的镜头表现。利用滑轨进行移镜、推镜等运镜时，可以呈现出电影级的效果，所以是更专业的视频录制设备。

另外，如果希望在录制延时视频时呈现一定的运镜效果，一个电动滑轨就十分有必要。因为电动滑轨可以实现微小的、匀速的持续移动，从而在短距离的移动过程中，拍摄下多张延时素材，这样通过后期合成，就可以得到连贯的、顺畅的、带有运镜效果的延时摄影画面。

移动时保持稳定的技巧

即便在使用稳定器时,在移动拍摄过程中也不可太过随意,否则画面同样会出现明显的抖动。因此,掌握一些移动拍摄时的小技巧就很有必要。

始终维持稳定的拍摄姿势

为保持稳定,在移动拍摄时依旧需要保持正确的拍摄姿势。也就是双手拿稳手机(或拿稳定器),从而形成三角形支撑,增加稳定性。

憋住一口气

此方法适合在短时间的移动机位录制时使用。因为普通人在移动状态下憋一口气也就维持十几秒的时间,如果在这段时间内可以完成一个镜头的拍摄,那么此法可行;如果时间不够,切记不要采用此种方法。因为在长时间憋气后,势必会急喘几下,这几下急喘往往会让画面出现明显抖动。

保持呼吸均匀

如果憋一口气的时间无法完成拍摄,那么就需要在移动录制过程中保持呼吸均匀。稳定的呼吸可以保证身体不会有明显的起伏,从而提高拍摄稳定性。

▶ 憋住一口气可以在短时间内拍摄出稳定的画面

屈膝移动减少反作用力

在移动过程中很容易造成画面抖动,其中一个很重要的原因就在于迈步时地面给的反作用力会让身体震动一下。但当屈膝移动时,弯曲的膝盖会形成一个缓冲,就好像自行车的减震功能一样,从而避免产生明显的抖动。

提前确定地面情况

在移动录制时,眼睛肯定是一直盯着手机屏幕,也就无暇顾及地面情况。为了在拍摄过程中的安全和稳定性(被绊倒就绝对拍废了一个镜头),一定要事先观察好路面情况,从而在录制时可以有所调整,不至于摇摇晃晃。

转动身体而不是转动手臂

在调整拍摄方向时,如果直接通过转动手臂进行调整,则很容易在转向过程中产生抖动。此时正确的做法应该是保持手臂不动,转动身体调整取景角度,可以让转向过程中更平稳。

视频拍摄存储设备

如果您的相机本身支持4K视频录制，但却无法正常拍摄，造成这种情况的原因往往是存储卡没有达到要求。另外，该节还将向您介绍一种新兴的文件存储方式，可以让海量视频文件更容易存储、管理和分享。

SD 存储卡

现如今的中高端佳能单反、微单相机，大部分均支持录制4K视频。而由于4K视频在录制过程中，每秒都需要存入大量信息，所以要求存储卡具有较高的写入速度。

通常来讲，U3速度等级的SD存储卡（存储卡上有U3标示），其写入速度基本在75MB/s以上，可以满足码率低于200Mbps的4K视频的录制。

如果要录制码率达到 400Mbps 的视频，则需要购买写入速度达到 100MB/s 以上的 UHS-Ⅱ存储卡。UHS（Ultra High Speed）是指超高速接口，而不同的速度级别以 UHS-Ⅰ、UHS-Ⅱ、UHS-Ⅲ标识，其中速度最快的 UHS-Ⅲ，其读写速度最低也能达到 150MB/s。

速度级别越高的存储卡也就越贵。以 UHS-Ⅱ存储卡为例，容量为 64GB 的存储卡，其价格最低也要 400 元左右。

CF 存储卡

除了 SD 卡，佳能的部分中高端相机还支持使用 CF 卡。CF 卡的写入速度普遍比较高，但由于卡面上往往只标注读取速度，并且没有速度等级标识，所以建议各位在购买前咨询下客服，确认下写入速度是否高于 75MB/s。如果高于 75MB/s，即可胜任 4K 视频的拍摄。

需要注意的是，在录制 4K 30P 视频时，一张 64GB 的存储卡大概能录 15 分钟左右。所以各位也要考虑到录制时长，购买能够满足拍摄要求的存储卡。

NAS 网络存储服务器

由于 4K 视频的文件较大，经常进行视频录制的人员，往往需要购买多块硬盘进行存储。但这样当寻找个别视频时费时费力，在文件管理和访问方面都不方便。而 NAS 网络存储服务器则让大尺寸的 4K 文件也可以 24 小时随时访问，并且同时支持手机端和电脑端。在建立多个账户并设定权限的情况下，还可以让多人同时使用，并且保证个人隐私，为文件的共享和访问带来便利。

一听"服务器"，各位可能会觉得离自己非常遥远，其实目前市场上已经有成熟的产品。比如西部数据或者群晖都有多种型号的 NAS 网络存储服务器可供选择，并且保证可以轻松上手。

视频拍摄采音设备

在室外或者不够安静的室内录制视频时，单纯通过相机自带的麦克风和声音设置往往无法得到满意的采音效果，这时就需要使用外接麦克风来提高视频中的音质。

便携的"小蜜蜂"

无线领夹麦克风也被称为"小蜜蜂"。其优势在于小巧便携，并且可以在不面对镜头，或者在运动过程中进行收音。但缺点是需要对多人采音时，则需要准备多个发射端，相对来说会比较麻烦。

另外，在录制采访视频时，也可以将"小蜜蜂"发射端拿在手里，当作"话筒"使用。

枪式指向性麦克风

枪式指向性麦克风通常安装在佳能相机的热靴上进行固定。因此录制一些面对镜头说话的视频，比如讲解类、采访类视频时，就可以着重采集话筒前方的语音，避免周围环境带来的噪声。

而且在使用枪式麦克风时，也不用在身上佩戴麦克风，可以让被摄者的仪表更自然美观。

记得为麦克风戴上防风罩

为避免户外录制视频时出现风噪声，建议各位为麦克风戴上防风罩。防风罩主要分为毛套防风罩和海绵防风罩，其中海绵防风罩也被称为防喷罩。

一般来说，户外拍摄建议使用毛套防风罩，其效果相比海绵防风罩更好。

而在室内录制时，使用海绵防风罩即可，不但能起到去除杂音的作用，还可以防止唾液喷入麦克风，这也是海绵防风罩也被称为防喷罩的原因。

视频拍摄灯光设备

在室内录制视频时,如果利用自然光来照明,那么如果录制时间稍长,光线就会发生变化。比如下午2点到5点这3个小时内,光线的强度和色温都在不断降低,导致画面出现由亮到暗、由色彩正常到色彩偏暖的变化,从而很难拍出画面影调、色彩一致的视频。而如果采用室内一般灯光进行拍摄,灯光亮度又不够,打光效果也无法控制。所以,想录制出效果更好的视频,一些比较专业的室内灯光是必不可少的。

简单实用的平板 LED 灯

一般来讲,在视频拍摄时往往需要比较柔和的灯光,让画面中不会出现明显的阴影,并且呈现柔和的明暗过渡。而平板LED灯在不增加任何其他配件的情况下,本身就能通过大面积的灯珠打出比较柔的光源。

当然,平板LED灯也可以增加色片、柔光板等配件,让光质和光源色产生变化。

更多可能的 COB 影视灯

这种灯的形状与影室闪光灯非常像,并且同样带有灯罩卡口,从而让影室闪光灯可用的配件,在COB影视灯上均可使用,让灯光更可控。

常用的配件有雷达罩、柔光箱、标准罩、束光筒等,可以打出或柔和或硬朗的光线。

因此,丰富的配件和光效是更多的人选择COB影视灯的原因。有时候也会主灯用COB影视灯,辅助灯用平板LED灯进行组合打光。

COB影视灯搭配柔光箱

短视频博主最爱的 LED 环形灯

如果不懂布光,或者不希望在布光上花费太多时间,只需要在面前放一盏LED环形灯,就可以均匀地打亮面部并形成眼神光了。

当然,LED环形灯也可以配合其他灯光使用,让面部光影更均匀。

简单实用的三点布光法

三点布光法是短视频、微电影的常用布光方法。其"三点"分别为位于主体侧前方的主光以及另一侧的辅光和侧逆位的轮廓光。

这种布光方法既可以打亮主体,将主体与背景分离,还能够营造一定的层次感、造型感。

一般情况下,主光的光质相对辅光要硬一些,从而让主体形成一定的阴影,增加影调的层次感。可以使用标准罩或蜂巢来营造硬光,也可以通过相对较远的灯位来提高光线的方向性,也正是因为这个原因,所以在三点布光法中,主光的距离往往比辅光要远一些。辅助光作为补充光线,其强度应该比主光弱,主要用来形成较为平缓的明暗对比。

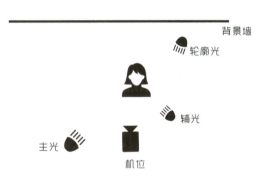

在三点布光法中,也可以不要轮廓光,而用背景光来代替。从而降低人物与背景的对比,让画面整体更明亮,影调也更自然。如果想为背景光加上不同颜色的色片,还可以通过色彩营造独特的画面氛围。

视频拍摄外采设备

视频拍摄外采设备也被称为监视器、记录仪、录机等,它的作用主要有2点:第一点是能提升相机的画质,拍摄更高质量的视频;第二点则是可以当一个监视器,代替相机上的小屏幕,在录制过程中进行更精细的观察。

这里以佳能EOS R为例,在视频录制规格的官方描述中,明确指出了外部输出规格:裁剪4K UHD 30P 视频,10bit色彩深度,422采样,支持C-Log;而机内录制仅能达到8bit色彩深度,420采样,且不支持C-log。这证明官方承认并鼓励各位通过外采设备获得更高画质的视频。

由于监视器的亮度更高,所以即便在户外强光下,也可以清晰看到录制效果。并且对于相机自带的屏幕而言,监视器的屏幕更大,也就更容易对画面的细节进行观察。同时,利用监视器还可以直接将佳能相机以C-log曲线录制的画面转换为HDR效果输出在屏幕上,让画面

效果展示得更直观。

对于外采设备的选择,笔者推荐NINJA V ATOMOS监视器,尺寸小巧,并且功能强大,安装在佳能无反相机的热靴进行长时间拍摄也不会觉得有什么负担。

利用外接电源进行长时间录制

在进行持续的长时间视频录制时，一块电池的电量很有可能不够用。而如果更换电池，则势必会导致拍摄中断。为了解决这个问题，各位可以使用外接电源进行连续录制。

由于外接电源可以使用充电宝进行供电，因此只需购买一块大容量的充电宝，就可以大大延长视频录制时间。

另外，如果在室内固定机位进行录制，还可以选择直接连接插座的外接电源进行供电，从而完全避免在长时间拍摄过程中出现电量不足的问题。

可以直连插座的外接电源

可以连接移动电源的外接电源

通过外接电源让充电宝给相机供电

通过提词器让语言更流畅

提词器是通过一个高亮度的显示器显示文稿内容，并将显示器显示内容反射到相机镜头前一块呈45°角的专用镀膜玻璃上，把台词反射出来的设备。它可以让演讲者在看演讲词时，依旧保持很自然的对着镜头说话的感觉。

由于提词器需要经过镜面反射，所以除了硬件设备，还需要使用软件来将正常的文字进行方向上的变换，从而在提词器上显示出正常的文稿。

通过提词器软件，字体的大小、颜色、文字滚动速度均可以按照演讲人的需求改变。值得一提的是，如果是一个团队进行视频录制，可以派专人控制提词器，从而确保提词速度可以根据演讲人语速的变化而变化。

如果更看中便携性，也可以以手机当作显示器的简易提词器。

使用这种提词器配合单反拍摄时，要注意支架的稳定性，必要时需要在支架前方进行配重。以免因为单反太重，而支架又比较单薄，而导致设备损坏。

专业提词器

简易提词器

视频后期对电脑的要求

如果想准备一台可以流畅进行剪辑或者特效制作的电脑，尽量将预算安排在CPU、内存和硬盘硬盘上。因为这三个硬件的性能对视频后期制作的效率起到至关重要的作用。

视频后期对CPU的要求

CPU的核心数量对视频的编码和输出效率都有明显的影响。4核心的CPU，其视频处理速度可以达到单核心的4倍，但当CPU提升到10核心时，处理速度仅为单核心的5倍。

如果预算足够，建议选择定位高端的intel酷睿i9-9900K。其拥有八核十六线程设计，主频3.6Ghz，睿频可至高达5.0GHz，还可以进行超频，是目前综合实力最好的视频剪辑处理器。预算不足的话，则建议选择intel酷睿 i7-8700K或者intel酷睿i5 9400F处理器，同样可以满足较顺畅的后期体验。

Intel i9 CPU

视频后期对内存的要求

视频后期对内存的起步要求是16GB，但笔者强烈建议至少准备32GB的内存。因为与16GB内存相比，32GB内存可以明显提升视频处理的效率。虽然使用更大的64GB内存虽然也有提升，但提升幅度远小于从16GB到32GB的效果，所以性价比相对较低。

金士顿16GB内存条

视频后期对硬盘的要求

做视频剪辑时所有的视频素材都是从硬盘直接导入到剪辑软件当中，如果硬盘读取速度不够快，或是有损坏，剪辑软件就会出现卡顿或直接崩溃。所以建议各位购买一块256G的固态硬盘，用来安装系统和后期软件。然后再准备一块转速7200rpm以上的高速机械硬盘，作为视频素材存储盘使用。

金士顿固态硬盘

视频后期对显卡的要求

"视频后期需要高端的显卡支持"是很多人都有的误区。实际上无论是视频编码还是解码,都不太需求显卡的性能。所以一块GTX 1060级别的显卡已经足够使用。比这级别再高的显卡虽然对视频后期效率有所提升,但差距并不明显。

另外NVIDIA在新一代的RTX 20系列显卡中针对视频剪辑在内的创作工具有特别优化,还推出了专门的Creator Ready Driver,所以与AMD显卡相比,NVIDIA显卡更具优势。

GTX 1060 6G 显卡

视频后期配置建议

下面提供三套不同性能电脑的配置,均可以顺畅完成视频后期工作。各位可以根据自己的预算情况进行选择。

	极致性能配置	高性能配置	高性价比配置
CPU	intel 酷睿 i9-9900K	intel 酷睿 i7-8700K	intel 酷睿 i5-9400F
主板	Z390 主板	Z370 主板	B360 主板
内存	DDR4 32GB 2666 内存	DDR4 32GB 2666 内存	DDR4 16GB 2666 内存
固态硬盘	1TB NVMe 固态硬盘	512G NVMe 固态硬盘	256GB NVMe 固态硬盘
显卡	RTX 2080 显卡	RTX 2070 显卡	RTX 2060 显卡

常用视频后期软件介绍

功能既全面又强大的视频后期软件——Premier

Premiere可以说是使用用户数量最多的剪辑软件,通常简称为PR。PR的插件非常丰富,功能异常强大。可以说只有你想不到的效果,没有它做不到的。

Premiere

强大的视频特效制作软件——Adobe After Effects

Adobe After Effects简称"AE",是Adobe公司推出的一款图形视频处理软件,主要用来制作特效。

由于同为Adobe公司出品,AE这款软件可以和PR联合使用,从而实现震撼人心的视觉效果。

After Effects

功能既全面又强大的视频后期软件——Adobe Audition

Adobe Audition简称"AU",同样由Adobe公司开发,是一个专业音频编辑软件。由于PR、AE和AU这3款视频后期软件的协同性非常高,所以在视频后期是往往需要同时使用。

Audition

Mac 上出色的视频后期软件——Final cut pro

如果你使用的是苹果电脑,那么最好选择Final cut Pro这个剪辑软件,简称FCP。虽然PR也可以在苹果电脑上使用,但是在优化上并没有FCP好,而且其界面和操作更简单。

Final Cut Pro

更注重调色的视频后期软件——DaVinci

DaVinci(达芬奇)这个软件之前是专业的视频调色软件,但是现在的DaVinci(达芬奇)也具有了剪辑功能,所以变得更加全面了。特点自然是调色非常优秀,不过相对于上面几个剪辑软件而言,其插件相对少了些。

DaVinci

好用的国产视频后期软件——会声会影

会声会影作为国产的视频后期软件同样具有非常强大、完善、专业的功能。而且相比PR或者FCP而言，界面更友好，上手难度更低，再加上丰富的模板选择，非常适合零基础，又不希望花费太多时间学习视频后期的朋友使用。

最易上手的视频后期软件——爱剪辑

爱剪辑的特点就在于操作简单、易上手。哪怕是对视频后期没有任何基础的人，在第一次使用爱剪辑的情况下，都可以实现简单的视频编辑。当然，功能的全面及深度方面是远远不及上述6款软件的。

可以批量添加字幕的软件——Arctime

Arctime这款软件可以识别视频的语音并生成字幕，还支持批量处理，是一款上手简单、功能强大的字幕软件。

如果觉得字幕准确率不佳，也可以使用讯飞听见直接获得带有时间线的字幕文件，然后通过PR等后期软件将字幕添加至视频即可。

使用手机APP巧影添加字幕

添加字幕更简单的方法就是将相机录制的视频拷贝到手机后，通过巧影APP的字幕功能为视频添加字幕。操作方法要比使用电脑版专业字幕软件更简单好用。

好用的视频压缩软件——小丸工具箱

小丸工具箱是比较好用的国产视频压缩软件，目前已经支持10bit色深视频压缩。其凭借着简洁的界面和近乎一键式压缩的方式，成为了国内相当多短视频制作者的首选压缩软件。

直播所需的硬件及软件

5G时代的到来，除了使短视频迎来进一步的爆发，对于直播行业也具有促进作用。据不完全统计，仅在国内的直播平台就达到200个以上，而主播更是不计其数。目前绝大多数的主播依旧在使用手机或者电脑进行直播，虽然画质尚可接受，但肯定不能与单反或者无反这种专业设备相比。

使用单反、无反进行直播的优势

1. 更高的画质

即便是佳能入门级别的单反相机，由于CMOS的尺寸远高于手机，所以在同一环境下直播时，就可以获得更多的光线，得到更好的画质。

另外，无论是佳能单反还是无反的镜头，由于可以设计较大的尺寸，所以其光学结构会更合理，成像质量就会比手机摄像头更好。

2. 更出色的虚化效果

虽然目前很多手机相机都具有虚化功能，但大部分的虚化效果毕竟是靠算法模拟出来的。而佳能单反、无反的虚化效果则是光学规律的结果，所以其虚化效果更唯美、细腻。另外，通过手动控制镜头的光圈和焦距，还可以对虚化程度进行控制。

3. 更多的镜头选择

即便是镜头数量比较多的手机，也就只具备长焦、广角和超广角各一只定焦镜头。而单反和无反则可以选择多种焦段镜头，也可以通过变焦镜头精确控制所用焦距，对于直播取景而言，选择的空间更大。

再加上即便目前手机的长焦和超广角镜头再强大，其实与单反相似焦段的镜头相比，差距还是比较大的。因此庞大的镜头群，也是用单反、无反直播的一个优势。

使用单反、无反进行直播的特殊配件——采集卡

其实做直播的配件和做视频的配件非常相似，像是灯光和采音设备都是通用的。因此这里只介绍使用相机进行直播所需要的一个特殊配件——采集卡。

因为只有通过采集卡，才能将单反捕捉到的画面采集到电脑上，再由电脑上的直播软件，将画面推流到直播平台。采集卡的种类有很多，但关键是看其能够采集的实况/录影画质有多高。一般能够采集1080P 60fps的视频画面就足够使用，但如果做4K直播，则需要购买4K采集卡。

采集卡

使用单反、无反进行直播的设备连接方法

首先将直播需要的单反或者无反、采集卡、直播用的电脑都准备好。然后将单反或者无反通过HDMI线与采集卡的输入端口连接；再将采集卡的输出端口与电脑连接。此时设备的串联就完成了。打开佳能单反或者无反，将其切换至录像模式；再将电脑上的直播软件打开，捕捉采集到电脑上的单反或者微单画面，就可以看到直播画面了。

相机连接至采集卡，采集卡连接至电脑

直播软件及设置方法

1.直播软件的选择

目前个别主流直播平台，如虎牙直播、斗鱼直播，都有自己的直播软件，而企鹅直播则是提供了3种直播软件，包括伴侣pc、obs和Xsplit，可以自行选择。

对于有专属直播软件的虎牙平台而言，直接选择该软件进行直播就可以了，无论是优化还是各种功能肯定与平台的契合度会更高。

而斗鱼平台虽然也有自己的直播软件——斗鱼直播助手，但功能相对较差，所以口碑不是很好。最近斗鱼直播助手也是内置了obs直播软件，所以很多斗鱼平台的主播都是选择直接通过第三方obs软件进行直播。再加上企鹅直播也推荐使用obs软件，所以不用笔者说，各位也看出来了，obs是目前相对主流的直播软件，也是建议各位使用的。

2.直播软件设置方法

❶ 首先打开obs，点击右下角"场景"模块的"+"，新建一个场景。

❷ 点击界面下方"来源"模块的"+"，选择画面来源。

❸ 在弹出的菜单中选择"视频捕捉设备"。

❹ 在弹出的窗口中点击"确定"。

❺ 在弹出窗口的"设备"选项中选择连接好的采集器,即可显示出画面。

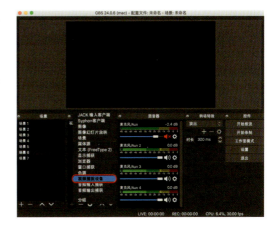

❻ 接下来点击界面右下角"设置"选项。

❼ 点击左侧"推流"选项,并将"服务"设置为"自定义",然后将个人直播间的推流码复制到"服务器"一栏。

❽ 点击左侧"输出"选项，视频比特率设置为2500kbps，编码器为x264，音频比特率为160。

❾ 再点击左侧"视频"选项，基础分辨率和输出分辨率按照个人需求进行设置，笔者此处最高能够设置到1920×1080。样本数量越高，对画质影响越小。建议选择Lanczos，帧率选择30fps即可。

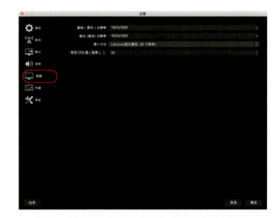

❿ 设置完成后，点击"开始推流"，即可开启自己的直播了。另外，如果想将直播录制下来并保存，再点击"开始录制"即可。

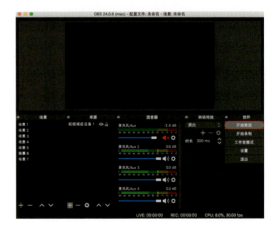

搭建一个自己的视频工作室

在了解与短视频、直播相关的各个设备之后，就可以着手建立自己的视频工作室了。在这一节中，笔者将需要准备的各个配件做一个清单式的梳理，将它们全部配齐之后，一个功能完整的工作室就建立好了。注意，标有"*"的设备为非必要配件。

相机：使用佳能相机录制视频推荐选择EOS R，因为其不但支持4K视频拍摄，还内置C-log。个人认为是佳能相机中拍摄视频的最优选择。

镜头：室内空间本身比较狭窄，所以一般建议搭配焦段在20-50mm左右的镜头。如果需要拍摄特写画面，再准备一只100mm左右的中长焦镜头就可以了。

监视器（录机）：监视器（录机）可以实现拍摄效果的实时监看，并且部分高端的监视器还可以提高相机的录制性能。比如EOS R可以通过监视器将色深从8bit提高至10bit。

三脚架：脚架是为了稳定相机使用的。因为在室内使用，所以建议购买较重的铝合金三脚架，稳定效果更好。当然，摄像三脚架则是更为专业的选择。

麦克风：为了获得清脆的声音，一款采音设备必不可少。如果是在固定位置进行视频录制，推荐使用Blue yeticaster麦克风。而如果需要在移动中录制视频，则建议使用小蜜蜂进行采音。

遮阳窗帘：为了确保光线可控，并且不会随时间推移发生变化，一般都是使用人工光进行视频录制，因此需要遮阳窗帘遮挡自然光。

主灯光：主灯光建议使用COB影视灯，因为它支持多种灯罩，可以实现不同的灯光效果。具体型号上推荐南光原力60。

辅助光*：如果预算允许，辅助光建议与主灯光采用同品牌、型号的COB影视灯，这样不但在光线上有更多调整空间，还可以确保色温一致，方便控制画面色彩。如果预算有限，则可以使用LED影视灯，或者只是用主灯打光，不设置辅助光也是可以的。

背景光：针对背景进行打光可以控制背景的明暗，灯光配置要求与辅助光相同。但为了让画面更美观或者更具变化，也可以尝试现在比较流行的RGB补光灯，可以打出不同色彩灯光，适合营造多变背景。具体型号上推荐唯卓仕RB08P。

灯架：除了用于固定灯光，固定麦克风或者是通过反光板进行补光时，灯架都是很好用的固定设备。

电脑：录制后的视频势必要通过电脑进行后期裁剪。详细的台式机配置请阅读本书后期章节中的说明。笔记本推荐使用MacBook Pro 16，搭配8核心、i9处理器以及16GB内存的版本。

采集卡：如果工作室还要具有直播功能，在使用佳能单反、微单的情况下，采集卡是必备配件。推荐圆刚GC553，因为它支持4K直播。

背景板：如果工作室空间有限，无法避免背景比较杂乱的话，建议使用背景板来获得干净、简洁的背景，提升画面美感。

第9章
拍摄 Vlog 视频或微电影需要理解的视频参数

理解视频拍摄中的各参数含义

理解视频分辨率并进行合理设置

视频分辨率指每一个画面中所显示的像素数量，通常以水平像素数量与垂直像素数量的乘积或垂直像素数量表示。视频分辨率数值越大，画面就越精细，画质就越好。

佳能的每一代旗舰机型在视频功能上均有所增强，以佳能R5为例，其在视频方面的一大亮点就是支持8K视频录制。在8K视频录制模式下，用户可以最高录制帧频为30P、文件无压缩的超高清视频。相比于中低端机型，比如佳能60D，则可以录制画质更细腻的视频画面。

需要额外注意的是，若要享受高分辨率带来的精细画质，除了需要设置相机录制高分辨率的视频以外，还需要观看视频的设备具有该分辨率画面的播放能力。

比如使用佳能5D4相机录制了一段4K（分辨率为4096×2160）视频，但观看这段视频的电视、平板或者手机只支持全高清（分辨率为1920×1080）播放，那么呈现出来视频的画质就只能达到全高清，而到不了4K的水平。

因此，建议各位在拍摄视频之前先确定输出端的分辨率上限，然后再确定相机视频的分辨率设置。从而避免因为过大的文件对存储和后期等操作造成没必要的负担。

❶ 在**短片记录画质**菜单中选择**短片记录尺寸**选项

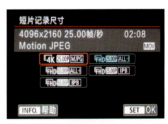
❷ 点击选择带**4K**图标的选项，然后点击 SET OK 图标确定

设定视频制式

不同国家、地区的电视台所播放视频的帧频是有统一规定的，称为电视制式。全球分为两种电视制式，分别为北美、日本、韩国、墨西哥等国家使用的NTSC制式和中国、欧洲各国、俄罗斯、澳大利亚等国家使用的PAL制式。

选择不同的视频制式后，可选择的帧频会有所变化。比如在佳能5D4中，选择NTSC制式后，可选择的帧频为119.9P、59.94P和29.97P；选择PAL制式后，可选择的帧频为100P、50P、25P。

需要注意的是，只有在所拍视频需要在电视台播放时，才会对视频制式有严格要求。如果只是自己拍摄上传视频平台，选择任意视频制式均可正常播放。

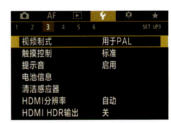
❶ 在**设置菜单3**中选择**视频制式**选项

❷ 点击选择所需的选项

理解帧频并进行合理设置

无论选择哪种视频制式,均有多种帧频可供选择。帧频也被称为 fps,是指一个视频里每秒展示出来的画面数,在佳能相机中以单位 P 表示。例如,一般电影以每秒 24 张画面的速度播放,也就是一秒钟内在屏幕上连续显示出 24 张静止画面,其帧频为 24P。由于视觉暂留效应,使观众看上去电影中的人像是动态的。

很显然,每秒显示的画面数多,视觉动态效果就流畅,反之,如果画面数少,观看时就有卡顿感觉。因此,在录制景物高速运动的视频时,建议设置为较高的帧频,从而尽量让每一个动作都更清晰、流畅;而在录制访谈、会议等视频时,则使用较低帧频录制即可。

当然,如果录制条件允许,建议以高帧数录制,这样可以在后期处理时拥有更多处理可能性,比如得到慢镜头效果。像 EOS R5 在 4K 分辨率的情况下,依然支持 120fps 视频拍摄,可以同时实现高画质与高帧频。

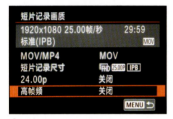 

❶ 在**短片记录画质**菜单中选择**高帧频**选项

❷ 点击选择**启用**选项,然后点击 SET OK 图标确定

理解码率的含义

码率也被称为比特率,指每秒传送的比特(bit)数,单位为 bps(Bit Per Second)。码率越高,每秒传送数据就越多,画质就越清晰,但相应的,对存储卡的写入速度要求也更高。

在佳能相机中虽然无法直接设置码率,但却可以对压缩方式进行选择。在MJPG、ALL-I、IPB和IPB这4种压缩方式中,压缩率逐渐提高,因此压制出的视频码率则依次降低。

其中可以得到最高码率的MJPG压缩模式,根据不同的机型,其码率也有差异。比如佳能EOS R在选择MJPG压缩模式后可以得到码率为480Mbps的视频,而5D4则为500Mbps。

值得一提的是,如果要录制码率超过400Mbps的视频,需要使用UHS-Ⅱ存储卡,也就是写入速度最少应该达到100MB/s,否则无法正常拍摄。而且由于码率过高,视频尺寸也会变大。以EOS R为例,录制一段码率为480Mbps、时长为8分钟的视频则需要占用32GB存储空间。

在短片记录尺寸菜单中可以选择不同的压缩方式,以此控制码率

理解色深并明白其意义

色深作为一个色彩专有名词，在拍摄照片、录制视频，以及买显示器的时候都会接触到，比如8bit、10bit、12bit等。这个参数其实是表示记录或者显示的照片或视频的颜色数量。如何理解这个参数？理解这个参数又有何意义？下文将进行详细讲解。

❶ 在**拍摄菜单4**中选择**Canon Log设置**选项

理解色深的含义

1.理解色深要先理解RGB

在理解色深之前，先要理解RGB。RGB即三原色，分别为红（R）、绿（G）、蓝（B）。我们现在从显示器或者电视上看到的任何一种色彩，都是通过红、绿、蓝这三种色彩进行混合而得到的。

但在混合过程中，当红绿蓝这三种色彩的深浅不同时，得到的色彩肯定也是不同的。

❷ 点击选择所需选项，然后点击 SET OK 图标确定

比如面前有一个调色盘，里面先放上绿色的颜料，当分别混合深一点的红色和浅一点的红色时，其得到的色彩肯定不同的。那么当手中有10种不同深浅的红色和一种绿色时，那么就能调配出10种色彩。所以颜色的深浅就与可以呈现的色彩数量产生了关系。

2.理解灰阶

上文所说的色彩的深浅，用专业的说法，其实就是灰阶。不同的灰阶是以亮度作为区分的，比如右上图所示的就是16个灰阶。

而当颜色也具有不同的亮度的时候，也就是具有不同灰阶的时候，表现出来的其实就是所谓色彩的深浅不同，如右下图所示。

是256种深浅不同的红色，256种深浅不同的绿色和256种深浅不同的蓝色。

这些颜色，一共能混合出256×256×256=16777216种色彩。

因此，以佳能5D4为例，其拍摄的视频色彩深度为8bit，就是指可以记录16777216种色彩的意思。所以说色深是表示色彩数量的一个概念。

3.理解色深

做好了铺垫，色深就比较好理解了。首先色深的单位是bit，1bit代表具有2个灰阶，也就是一种颜色具有2种不同的深浅；2bit代表具有4个灰阶，也就是一种颜色具有4种不同的深浅色；3bit代表8种…

所以N bit，就代表一种颜色包含2的N次方种不同深浅的颜色。

那么所谓的色深为8bit，就可以理解为，有2的8次方，也就

	R	G	B	色彩数量
8bit	256	256	256	1677 万
10bit	1024	1024	1024	10.7 亿
12bit	4096	4096	4096	680 亿

理解色深的意义

1.在后期处理中设置为高色深数值

即便视频或图片最后需要保存为低色深文件,但既然高色深代表着数量更多、更细腻的色彩,所以在后期时,为了对画面色彩可以进行更精细的调整,建议将色深设置为较高数值,然后在最终保存时再降低色深。

这种操作方法的优势有2点,一是可以最大化利用佳能相机录制的丰富色彩细节;二是在后期对色彩进行处理时,可以得到更细腻的色彩过渡。

所以建议各位在后期时将色彩空间设置为ProPhoto RGB,色彩深度设置为16位/通道。然后在导出时保存为色深8位/通道的图片或视频,以尽可能得到更高画质的图像或视频。

在后期软件中设置较高的色深(色彩深度)和色彩空间

2.有目的地搭建视频录制与显示平台

理解色深主要的作用是让我们知道从图像采集到解码到显示,只有均达到同一色深标准才能够真正体会到高色深带来的细腻色彩。

目前大部分佳能相机均支持 8bit 色深采集,但个别机型,比如 EOS R5,已经支持机内录制 10bit 色深视频;而 EOS R 则在搭配录机的情况下,可以达到 10bit 色深录制。

那么以使用 EOS R 为例,在购买录机实现 10bit 色深录制后,为了能够完成更高色深视频的后期处理及显示,就需要提高用来解码的显卡性能,并搭配色深达到 10bit 的显示器,来显示出所有 EOS R 记录下的色彩。

当从录制到处理再到输出的整个环节均符合 10bit 色深标准后,才能真正享受到色深提升的好处。

想体会到高色深的优势就要搭建符合高色深要求的录制、处理和显示平台

理解色度采样

相信各位一定在视频录制参数中看到过"采样422""采样420"等描述,那么这里的"采样422"和"采样420"到底是什么含义呢?

1.认识YUV格式

事实上,无论是420还是422均为色度采样的简写,其正常写法应该是YUV4∶2∶0和YUV4∶2∶2。

YUV格式,也被称为YCbCr,是为了替代RGB格式而存在的,其目的在于兼容黑白电视和彩色电视两种。因为Y表示亮度,U和V表示色差。这样当黑白电视使用该信号时,则只读取Y数值,也就是亮度数值;而当彩色电视接收到YUV信号时,则可以将其转换为RGB信号,再显示颜色。

2.理解色度采样数值

接下来再来理解YUV格式中3个数字的含义。

通俗地讲,第一个数字4,即代表亮度采样的像素数量;第二个数字,代表了第一行进行色度采样的像素数量;第三个数字代表了第二行进行色度采样的像素数量。

所以这样算下来,同一个画面中,422的采样就比444的采样丢掉了50%的色度信息,而420与422相比,又少了50%的色度信息。那么有些摄友可能会问,为何不能所有视频均录制为4∶4∶4色度采样呢?

主要是因为经过研究发现,人眼对明暗比对色彩更敏感,所以在保证色彩正常显示的前提下,不需要每一个像素均进行色度采样,从而降低信息存储的压力。

因此在通常情况下,用420拍摄也能获得不错的画面,但是在二级调色和抠像的时候,因为许多像素没有自己的色度值,所以后期上的空间也就相对较小了。

所以通过降低色度采样来减少存储压力,或降低发送视频信号带宽对于降低视频输出的成本是有利的。但较少的色彩信息对于视频后期处理来说是不利的。因此在选择视频录制设备时,应尽量选择色度采样数值较高的设备。比如佳能R5的色度采样为YUV4∶2∶2,而EOS R则为4∶2∶0,但EOS R可以通过监视器将色度采样提升为4∶2∶2。

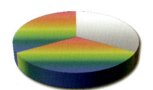

TUV4∶4∶4色度采样示例图

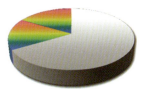

TUV4∶2∶2色度采样示例图

左图为4∶2∶2色度采样,右图为4∶2∶0色度采样。在色彩显示上,能看出些许差异

通过Canon Log保留更多画面细节

在明暗反差比较大的环境中录制视频时,很难同时保证画面中最亮的和最暗的区域都有细节。这时就可以使用Canon Log模式进行录制,从而获取更广的动态范围,最大限度地保留这些细节。

认识 Canon Log

Canon Log通常被简称为Clog,是一种对数伽马曲线。这种曲线可发挥图像感应器的特性,从而保留更多的高光和阴影细节。但Canon Log模式拍摄的视频不能直接使用,因为此时画面色彩饱和度和对比度都很低,整体效果发灰,所以需要通过后期来找回画面色彩。

❶ 在**拍摄菜单4**中选择**Canon Log 设置**选项

❷ 点击选择所需选项,然后点击 SET OK 图标确定

认识 LUT

LUT是Lookup Table(颜色查找表)的缩写,简单理解就是:通过LUT,可以将一组RGB值输出为另一组RGB值,从而改变画面的曝光与色彩。

因此,对于使用Canon Log拍摄的视频,由于其色彩不正常,所以需要后期来调整。通常的方法就是套用LUT,来实现各种不同的色调。

所以,LUT也可以被理解为调色模板。视频套用不同的LUT,其色彩表现也就不同。

❶ 在**拍摄菜单4**中选择**Canon Log 设置**选项

Canon Log 的查看帮助功能

虽然套用LUT可以还原画面色彩,但仅限于在视频后期阶段。当录制视频时,如果画面色彩严重缺失,对于构图和用光均有一定影响。

所以建议各位在使用Canon Log模式拍摄时开启查看帮助功能。该功能可以让佳能相机显示还原色彩后的画面,但相机记录的视频依然是以Canon Log模式记录的,所以依然保留了更多的高光以及阴影部分的细节。

❷ 点击选择**开**或**关**选项

第10章
拍摄 Vlog 视频或微电影需要了解的镜头语言

认识镜头语言

什么是镜头语言

镜头语言既然带了"语言"二字,那就说明这是一种和说话类似的表达方式;而"镜头"二字,则代表是用镜头来进行表达。所以镜头语言可以理解为用镜头表达的方式,即通过多个镜头中的画面,包括组合镜头的方式,来向观众传达拍摄者希望表现的内容。

所以,在一个视频中,除了声音之外,所有为了表达而采用的运镜方式、剪辑方式和一切画面内容,均属于镜头语言。

镜头语言之运镜方式

运镜方式指录制视频过程中,摄像器材的移动或者焦距调整方式,主要分为推镜头、拉镜头、摇镜头、移镜头、甩镜头、跟镜头、升镜头与降镜头共8种,也被简称为"推拉摇移甩跟升降"。由于环绕镜头可以产生更具视觉冲击力的画面效果,所以在本节中将介绍9种运镜方式。

需要提前强调的是,在介绍各种镜头运动方式的特点时,为了便于各位理解,会说明此种镜头运动在一般情况下适合表现哪类场景,但这绝不意味着它只能表现这类场景,在其他特定场景下应用,也许会更具表现力。

推镜头

推镜头是指镜头从全景或别的景位由远及近向被摄对象推进拍摄,逐渐推成近景或特写镜头。其作用在于强调主体、描写细节、制造悬念等。

推镜头示例

拉镜头

拉镜头是指将镜头从全景或别的景位由近及远调整，景别逐渐变大，表现更多环境。其作用主要在于表现环境，强调全局，从而交代画面中局部与整体之间的联系。

拉镜头示例

摇镜头

摇镜头是指机位固定，通过旋转相机而摇摄全景或者跟着拍摄对象的移动进行摇摄（跟摇）。

摇镜头的作用主要为4点，分别是介绍环境、从一个被摄主体转向另一个被摄主体、表现人物运动以及代表剧中人物的主观视线。

值得一提的是，当利用"摇镜头"来介绍环境时，通常表现的是宏大的场景。而左右摇适合拍摄壮阔的自然美景；上下摇则适用于展示建筑的雄伟或峭壁的险峻。

摇镜头示例

移镜头

拍摄时，机位在一个水平面上移动（在纵深方向移动则为推/拉镜头）的镜头运动方式被称为移镜头。

移镜头的作用其实与摇镜头十分相似，但在"介绍环境"与"表现人物运动"这两点上，其视觉效果更为强烈。在一些制作精良的大型影片中，可以经常看到这类镜头所表现的画面。

另外，由于采用移镜头方式拍摄时，机位是移动的，所以画面具有一定的流动感，这会让观者感觉仿佛置身画面之中，更有艺术感染力。

移镜头示例

跟镜头

跟镜头又称"跟拍",是跟随被摄对象进行拍摄的镜头运动方式。跟镜头可连续而详尽地表现角色在行动中的动作和表情,既能突出运动中的主体,又能交代动体的运动方向、速度、体态及其环境的关系,有利于展示人物在动态中的精神面貌。

跟镜头在走动过程中的采访,以及体育视频中经常使用。拍摄位置通常在人物的前方,形成"边走边说"的视觉效果。而体育视频则通常为侧面拍摄,从而表现运动员运动的姿态。

跟镜头示例

环绕镜头

将移镜头与摇镜头组合起来,就可以实现一种比较酷炫的运镜方式——环绕镜头。通过环绕镜头可以360°展现某一主体,经常用于在华丽场景下突出新登场的人物,或者展示景物的精致细节。

最简单的实现方法,就是将相机安装在稳定器上,然后手持稳定器,在尽量保持相机稳定的情况下绕人物跑一圈儿就可以了。

环绕镜头示例

甩镜头

甩镜头是指一个画面拍摄结束后,迅速旋转镜头到另一个方向的镜头运动方式。由于甩镜头时,画面的运动速度非常快,所以该部分画面内容是模糊不清的,但这正好符合人眼的视觉习惯(与快速转头时的视觉感受一致),所以会给观者较强的临场感。

值得一提的是,甩镜头既可以在同一场景中的两个不同主体间快速转换,模拟人眼的视觉效果;还可以在甩镜头后直接接入另一个场景的画面(通过后期剪辑进行拼接),从而表现同一时间下,不同空间中并列发生的情景,此法在影视剧制作中会经常出现。

甩镜过程中的画面是模糊不清的,以此迅速在两个不同场景间进行切换

升降镜头

上升镜头是指相机的机位慢慢升起,从而表现被摄体的高大。在影视剧中,也被用来表现悬念。而下降镜头的方向则与之相反。升降镜头的特点在于能够改变镜头和画面的空间,有助于加强戏剧效果。

需要注意的是,不要将升降镜头与摇镜混为一谈。比如机位不动,仅将镜头仰起,此为摇镜,展现的是拍摄角度的变化,而不是高度的变化。

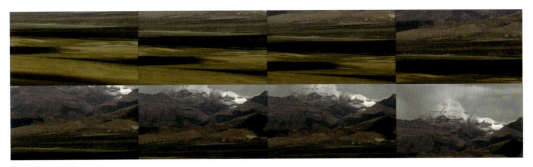

升镜头示例

3个常用的镜头术语

之所对主要的镜头运动方式进行总结，一方面是因为比较常用，又各有特点。而另一方面，则是为了交流、沟通所需的画面效果。

因此，除了上述这9种镜头运动方式外，还有一些偶尔也会用到的镜头运动或者是相关"术语"，比如"空镜头""主观镜头"等。

空镜头

"空镜头"指画面中没有人的镜头。也就是单纯拍摄场景或场景中局部细节的画面，通常用来表现景物与人物的联系或借物抒情。

一组空镜头表现事件发生的环境

主观性镜头

"主观性镜头"其实就是把镜头当作人物的眼睛，可以形成较强的代入感，非常适合表现人物内心感受。

主观性镜头可以模拟出人眼看到的画面效果

客观性镜头

"客观性镜头"指完全以一种旁观者的角度进行拍摄。其实这种说法就是为了与"主观性镜头"相区分。因为在视频录制中，除了主观镜头就肯定是客观镜头，而客观镜头又往往占据视频中的绝大部分，所以几乎没有人会去说"拍个客观镜头"这样的话。

客观性镜头示例

镜头语言之转场

镜头转场方法可以归纳为两大类,分别为技巧性转场和非技巧性转场。技巧性转场指的是在拍摄或者剪辑时要采用一些技术或者特效才能实现;而非技巧性转场则是直接将两个镜头拼接在一起,通过镜头之间的内在联系,让画面切换显得自然、流畅。

技巧性转场

1. 淡入淡出

淡入淡出转场即上一个镜头的画面由明转暗,直至黑场;下一个镜头的画面由暗转明,逐渐显示至正常亮度。淡出与淡入过程的时长一般各为 2 秒,但在实际编辑时,可以根据视频的情绪、节奏灵活掌握。部分影片中在淡出淡入转场之间还有一段黑场,可以表现出剧情告一段落,或者让观看者陷入思考。

淡入淡出转场形成的由明到暗再由暗到明的转场过程

2. 叠化转场

叠化指将前后两个镜头在短时间内重叠,并且前一个镜头逐渐模糊到消失,后一个镜头逐渐清晰,直到完全显现。叠化转场主要用来表现时间的消逝、空间的转换,或者在表现梦境、回忆的镜头中使用。

值得一提的是,由于在叠化转场时,前后两个镜头会有几秒比较模糊的重叠,如果镜头质量不佳的话,可以用这段时间掩盖镜头缺陷。

叠化转场会出现前后场景景物模糊重叠的画面

3. 划像转场

划像转场也被称为扫换转场，可分为划出与划入。前一画面从某一方向退出屏幕称为划出；下一个画面从某一方向进入荧屏称为划入。根据画面进、出荧屏的方向不同，可分为横划、竖划、对角线划等，通常在两个内容意义差别较大的镜头转场时使用。

画面横向滑动，前一个镜头逐渐划出，后一个镜头逐渐划入

非技巧性转场

1. 利用相似性进行转场

当前后两个镜头具有相同或相似的主体形象，或者在运动方向、速度、色彩等方面具有一致性时，即可实现视觉连续、转场顺畅的目的。

比如上一个镜头是果农在果园里采摘苹果，下一个镜头是顾客在菜市场挑选苹果的特写，利用上下镜头都有"苹果"这一相似性内容，将两个不同场景下的镜头联系起来了，从而实现自然、顺畅的转场效果。

利用"夕阳的光线"这一相似性进行转场的3个镜头

2. 利用思维惯性进行转场

利用人们的思维惯性进行转场，往往可以造成联系上的错觉，使转场流畅而有趣。

例如上一个镜头是孩子在家里和父母说"我去上学了"，然后下一个镜头切换到学校大门的场景，整个场景转换过程就会比较自然。究其原因在于观者听到"去上学"3个字后，脑海中自然会呈现出学校的情景，所以此时进行场景转换就会比较顺畅。

通过语言会其他方式让观者脑海中呈现某一景象，从而进行自然、流畅的转场

3. 两级镜头转场

利用前后镜头在景别、动静变化等方面的巨大反差和对比，来形成明显的段落感，这种方法被称为两级镜头转场。

由于此种转场方式的段落感比较强，可以突出视频中的不同部分。比如前一段落大景别结束，下一段落小景别开场，就有种类似写作"总分"的效果。也就是大景别部分让各位对环境有一个大致的了解，然后在小景别部分，则开始细说其中的故事。让观者在观看视频时，有更清晰的思路。

先通过远景表现日落西山的景观，然后自然地转接两个特写镜头，分别表现"日落"和"山"

4. 声音转场

用音乐、音响、解说词、对白等和画面相配合的转场方式被称为声音转场。声音转场方式主要有以下两种。

（1）利用声音的延续性自然转换到下一段落。其中，主要方式是同一旋律、声音的提前进入和前后段落声音相似部分的叠化。利用声音的吸引作用，弱化了画面转换、段落变化时的视觉跳动。

（2）利用声音的呼应关系实现场景转换。上下镜头通过两个接连紧密的声音进行衔接，并同时进行场景的更换，让观者有一种穿越时空的视觉感受。比如上一个镜头是男孩儿在公园里问女孩儿"你愿意嫁给我吗？"，下一个镜头是女孩儿回答"我愿意"，但此时场景已经转到了结婚典礼现场。

5. 空镜转场

只拍摄场景的镜头称为空镜头。这种转场方式通常在需要表现时间或者空间巨大变化时使用，从而起到一个过渡、缓冲的作用。

除此之外，空镜头也可以实现"借物抒情"的效果。比如上一个镜头是女主角向男主角在电话中提出分手，接一个空镜头，是雨滴落在地面的景象，然后再接男主角在雨中接电话的景象。其中，"分手"这种消极情绪与雨滴落在地面的镜头之间是有情感上的内在联系的；而男主角站在雨中接电话，由于与空镜头中的"雨"有空间上的联系，从而实现了自然，并且富有情感的转场效果。

利用空镜头来衔接时间和空间发生大幅跳跃的镜头

6. 主观镜头转场

主观镜头转场是指上一个镜头拍摄主体在观看的画面，下一个镜头接转主体观看的对象，这就是主观镜头转场。主观镜头转场是按照前、后两镜头之间的逻辑关系来处理转场的手法，既显得自然，同时也可以引起观众的探究心理。

主观镜头通常会与主体所看景物的镜头连接在一起

7. 遮挡镜头转场

当某物逐渐遮挡画面，直至完全遮挡，然后再逐渐离开，显露画面的过程就是遮挡镜头转场。这种转场方式可以将过场戏省略掉，从而加快画面节奏。

其中，如果遮挡物距离镜头较近，阻挡了大量的光线，导致画面完全变黑，再由纯黑的画面逐渐转变为正常的场景，这种方法还有个转有名次，叫做挡黑转场。而挡黑转场还可以在视觉上给人以较强的冲击，同时制造视觉悬念。

当马匹完全遮挡住骑马的孩子时，镜头自然地转向了羊群特写

镜头语言之"起幅"与"落幅"

理解"起幅"与"落幅"的含义和作用

起幅是指在运动镜头开始时,要有一个由固定镜头逐渐转为运动镜头的过程,而此时的固定镜头则被称为起幅。

为了让运动镜头之间的连接没有跳动感、割裂感,往往需要在运动镜头的结尾处逐渐转为固定镜头,这就叫做落幅。

除了可以让镜头之间的连接更自然、连贯之外,"起幅"和"落幅"还可以让观者在运动镜头中看清画面中的场景。其中起幅与落幅的时长一般在 1 到 2 秒,如果画面信息量比较大,比如远景镜头,则可以适当延长时间。

在镜头开始运动前的停顿,可以让画面信息充分传达给观众

起幅与落幅的拍摄要求

由于起幅和落幅是固定镜头,所以考虑到画面美感,构图要严谨。尤其在拍摄到落幅阶段时,镜头所停稳的位置、画面中主体的位置和所包含的景物均要进行精心设计。

并且停稳的时间也要恰到好处。过晚进入落幅则会与下一段的起幅衔接时出现割裂感,而过早进入落幅又会导致镜头停滞时间过长,让画面僵硬、死板。

在镜头开始运动和停止运动的过程中,镜头速度的变化尽量均匀、平稳,从而让镜头衔接更自然、顺畅。

镜头的起幅与落幅是固定镜头录制的画面,所以构图要比较讲究

镜头语言之镜头节奏

镜头节奏要符合观众的心理预期

当看完一部由多个镜头组成的视频时，并不会感受到视频有割裂感，而是一种流畅、自然的观看感受。这种观看感受正是由于镜头的节奏与观众的心理节奏相吻合的结果。

比如在观看一段打斗视频时，此时观众的心理预期自然是激烈、刺激，因此即便镜头切换得再快、再频繁，在视觉上也不会感觉不适。相反，如果在表现打斗画面时，采用相对平缓的镜头节奏，反而会产生一种突兀感。

为了营造激烈的打斗氛围，一个镜头时长甚至会控制在1秒以内

镜头节奏应与内容相符

对于表现动感和奇观性的好莱坞大片而言，自然要通过鲜明的节奏和镜头冲击力来获得刺激性；而对于表现生活、情感的影片，则往往镜头节奏比较慢，营造更现实的观感。

也就是说，镜头的节奏要与视频中的音乐、演员的表演、环境的影调相匹配。比如在悠扬的音乐声中，整体画面影调很明亮的情况下，则往往镜头的节奏也应该比较舒缓，从而让整个画面更协调。

为了表现出地震时的紧张氛围，在4秒内出现了4个镜头，平均1秒一个镜头

利用节奏控制观赏者的心理

虽然节奏要符合观赏者的心理预期，但在视频录制时，可以通过镜头节奏来影响观者的心理，从而让观众产生情绪感受上的共鸣或同步。比如悬疑大师希区柯克就非常喜欢通过镜头节奏形成独特的个人风格。在《精神病患者》浴室谋杀这一段中，仅39秒的时长就包含了33个镜头。时间之短、镜头之多、速度之快、节奏点之精确，让观者在跟上镜头节奏的同时，已经被带入到了一种极度紧张的情绪中。

◉《精神病患者》浴室谋杀片段中快节奏的镜头让观众进入到异常紧张的情绪中

把握住视频整体的节奏

为了突出风格、表达情感，任何一个视频中都应该具有一个或多个主要节奏。之所以有可能具有多个主要节奏，原因在于很多视频会出现情节上的反转，或者是不同的表达阶段。那么对于有反转的情节，镜头的节奏也要产生较大幅度的变化；而对不不同的阶段，则要根据上文所述的内容及观众预期心理来寻找适合当前阶段的主节奏。

需要注意的是，把握视频的整体节奏不代表节奏单调。在整体节奏不动摇的前提下，适当的节奏变化可以让视频更生动，在变化中走向统一。

◉ 电影《肖申克的救赎》开头在法庭上的片段，每一个安迪和法官的近景镜头都在10秒左右，以此强调人物的心理，也奠定了影片以长镜头为主，节奏较慢的纪实性叙事方式

镜头节奏也需要创新

就像拍摄静态照片中所学习的基本构图方法一样，介绍这些方法，只是为了让各位找到构图的感觉，想拍出自己的风格，还是要靠创新。镜头节奏的控制也是如此。

不同的导演面对不同的片段时都有其各自的节奏控制方法和理解。但对于初学者而言，在对镜头节奏还没有感觉时，通过学习一些基本的、常规的节奏控制思路，可以拍摄或剪辑出一些节奏合理的视频。在经过反复的练习，对节奏有了自己的理解之后，就可以尝试创造出带有独特个人风格的镜头节奏了。

控制镜头节奏的4个方法

通过镜头长度影响节奏

镜头的时间长度是控制节奏的重要手段。有些视频需要比较快的节奏，比如运动视频、搞笑视频等。但抒情类的视频则需要比较慢的节奏。大量使用短镜头就会加快节奏，从而给观众带来紧张心理；而使用长镜头则会减缓节奏，可以让观众感到心态舒缓、平和。

图示镜头共持续了6秒时间，从而表现出一种平静感

通过景别变化影响节奏

通过景别的变化可以创造节奏。景别的变化速度越快，变化幅度越大，画面的节奏也就越鲜明。相反，如果多个镜头的景别变化较小，则视频较为平淡，表现一种舒缓的氛围。

一般而言，从全景切到特写的镜头更适合表达紧张的心理，所以相应的景别变化的幅度和频率会比较高；而从特写切到全景，则往往表现一种无能为力和听天由命的消极情绪，所以更多的会使用长镜头来突出这种压抑感。

相邻镜头进行大幅度景别的变化，可以让视频节奏感更鲜明

通过运镜影响节奏

运镜也会影响画面的节奏，而这种节奏感主要来源于画面中景物移动速度和方向的不同。只要采用了某种运镜方式，画面中就一定存在运动的景物。即便是拍摄静止不动的花瓶，由于镜头的运动，花瓶在画面中也是动态的。那么当运镜速度、运镜方向不同的多个镜头组合在一起时，节奏就产生了。

当运镜速度、方向变化较大时，就可以表现出动荡、不稳定的视觉感受，也会给观者一种随时迎接突发场景、剧情跌宕起伏的心理预期；当运镜速度、方向变化较小时，视频就会呈现出平稳、安逸的视觉感受，给观者以事态会正常发展的心理预期。

不同镜头的运镜速度相对一致就会营造一种稳定的视觉感受

通过特效影响节奏

随着拍摄技术和视频后期技术的不断发展，有些特效可以产生与众不同的画面节奏。比如首次在《黑客帝国》中出现的"子弹时间"特效，在激烈的打斗画面中，对一个定格瞬间进行360°的全景展现。这种大大降低镜头节奏的做法，在之前的武打片段中是不可能被接受的。所以即便是现在，对于前后期视频制作技术的创新仍在继续。当出现一种新的特效拍摄、制作方法时，就可以产生与原有画面节奏完全不同的观看感受。

《黑客帝国》中"子弹时间"特效画面

利用光与色彩表现镜头语言

"光影形色"是画面的基本组成要素，通过拍摄者对用光以及色彩的控制，可以表达出不同的情感和画面氛围。一般来说，暗淡的光线和低饱和的色彩往往表现一种压抑、紧张的氛围；而明亮的光线与鲜艳的色彩则表现出一种轻松和愉悦。比如《肖申克的救赎》这部电影中，在监狱中的画面，其色彩和影调都是比较灰暗的；而最后瑞德出狱去找安迪的时候，画面明显更加明亮，色彩也更艳丽。这点在瑞德出狱后找到安迪时的海滩场景中表现得尤为明显。

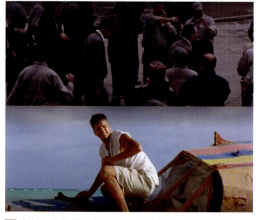

《肖申克的救赎》狱中、狱外的色彩与光影有着明显的反差

多机位拍摄

多机位拍摄的作用

1. 让一镜到底的视频有所变化

对于一些一镜到底的视频,比如会议、采访视频的录制,往往需要使用多机位拍摄。因为如果只用一台相机进行录制,那么拍摄角度就会非常单一,既不利于在多人说话时强调主体,还会使画面有停滞感,很容易让观者感觉到乏味、枯燥。而在设置多机位拍摄的情况下,在后期剪辑时就可以让不同角度或者景别的画面进行切换,从而突出正在说话的人物,并且在不影响访谈完整性的同时,让画面有所变化。

多机位拍摄获得不同角度和景别的画面

2. 把握住仅有一次的机会

一些特殊画面由于成本或者是时间上的限制,可能只能拍摄一次,无法重复。比如一些电影中的爆炸场景,或者是运动会中的精彩瞬间。为了能够把握住只有一次的机会,所以在器材允许的情况下,应该尽量多布置机位进行拍摄,避免留下遗憾。

通过多机位记录不可重复的比赛

多机位拍摄注意不要穿帮

使用多机位拍摄时,由于被拍进画面的范围更大了,所以需要谨慎地选择相机、灯光和采音设备的位置。但对于短视频拍摄来说,器材的数量并不多,所以往往只需要注意相机与相机之间不要彼此拍到即可。

这也解释了为何在采用多机位拍摄时,超广角镜头很少被使用。因为这会导致其他机位的选择受到很大的限制。

方便后期剪辑的打板

由于在专业视频制作中,画面和声音是分开录制的,所以要"打板",从而在后期剪辑时,让画面中场记板合上的那一帧和产生的"咔哒"声相吻合,以此实现声画同步。

但在多机位拍摄中,除了实现"声画同步"这一作用外,不同机位拍摄的画面,还可以通过"打板"声音吻合而确保视频重合,从而让多机位后期剪辑更方便。当然,如果没有场记板,使用拍手的方法也可以达到相同的目的。

场记板

简单了解拍前必做的"分镜头脚本"

通俗地理解,分镜头脚本就是将一个视频所包含的每一个镜头拍什么、怎么拍,先用文字写出来或者是画出来(有的分镜头脚本会利用简笔画表明构图方法),也可以理解为拍视频之前的计划书。

在影视剧拍摄中,分镜头脚本有着严格的绘制要求,是拍摄和后期剪辑的重要依据,并且需要经过专业的训练才能完成。但作为普通摄影爱好者,大多数都以拍摄短视频或者 Vlog 为目的,因此只需了解其作用和基本撰写方法即可。

"分镜头脚本"的作用

1. 指导前期拍摄

即便是拍摄一个长度 10 秒左右的短视频,通常也需要 3-4 个镜头来完成。那么 3 个或 4 个镜头计划怎么拍,就是分镜脚本中也该写清楚的内容。从而避免到了拍摄场地现想,既浪费时间,又可能因为思考时间太短而得不到理想的画面。

值得一提的是,虽然分镜头脚本有指导前期拍摄的作用,但不要被其所束缚。在实地拍摄时,如果突发奇想,有更好的创意,则应该果断采用新方法进行拍摄。如果担心临时确定的拍摄方法不能与其他镜头(拍摄的画面)衔接,则可以按照原本分镜头脚本中的计划,拍摄一个备用镜头,以防万一。

 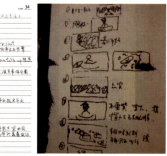 

徐克导演分镜头手稿　　姜文导演分镜头手稿　　张艺谋导演分镜头手稿

2. 后期剪辑的依据

根据分镜头脚本拍摄的多个镜头需要通过后期剪辑合并成一个完整的视频。因此，镜头的排列顺序和镜头转换的节奏，都需要以镜头脚本作为依据。尤其是在拍摄多组备用镜头后，很容易相互混淆，导致不得不花费更多的时间进行整理。

另外，由于拍摄时现场的情况很可能与预想不同，所以前期拍摄未必完全按照分镜头脚本进行。此时就需要懂得变通，抛开分镜头脚本，寻找最合适的方式进行剪辑。

"分镜头脚本"的撰写方法

懂得了"分镜头脚本"的撰写方法，也就学会了如何制定短视频或者Vlog的拍摄计划。

1. "分镜头脚本"中应该包含的内容

一份完善的分镜头脚本中，应该包含镜头编号、景别、拍摄方法、时长、画面内容、拍摄解说、音乐共7部分内容，下面逐一讲解每部分内容的作用。

（1）镜头编号。镜头编号代表各个镜头在视频中出现的顺序。绝大多数情况下，也是前期拍摄的顺序（因客观原因导致个别镜头无法拍摄时，则会先跳过）。

（2）景别。景别分为全景（远景）、中景、近景、特写，用来确定画面的表现方式。

（3）拍摄方法。针对拍摄对象描述镜头运用方式，是"分镜头脚本"中唯一对拍摄方法的描述。

（4）时间。用来预估该镜头拍摄时长。

（5）画面。对拍摄的画面内容进行描述。如果画面中有人物，则需要描绘人物的动作、表情、神态等。

（6）解说。对拍摄过程中需要强调的细节进行描述，包括光线、构图、镜头运用的具体方法。

（7）音乐。确定背景音乐。

提前对以上7部分内容进行思考并确定后，整个视频的拍摄方法和后期剪辑的思路、节奏就基本确定了。虽然思考的过程比较费时间，但正所谓磨刀不误砍柴工，做一份详尽的分镜头脚本，可以让前期拍摄和后期剪辑轻松不少。

2. 撰写一个"分镜头脚本"

在了解了"分镜头脚本"所包含的内容后，就可以自己尝试进行撰写了。这里以在海边拍摄一段短视频为例，向各位介绍撰写方法。

由于"分镜头脚本"是按不同镜头进行撰写，所以一般都是以表格的形式呈现。但为了便于介绍撰写思路，会先以成段的文字进行讲解，最后再通过表格呈现最终的"分镜头脚本"。

首先整段视频的背景音乐统一确定为陶喆的《沙滩》。然后再分镜头讲解设计思路。

镜头1：人物在沙滩上散步，并在旋转过程中让裙子散开，表现出海边的惬意。所以镜头1利用远景将沙滩、海水和人物均纳入画面。为了让人物从画面中突出，应穿着颜色鲜艳的服装。

镜头2：由于镜头3中将出现新的场景，所以镜头2设计为一个空镜头，单独表现镜头3中的场地，让镜头彼此之间具有联系，起到承上启下的作用。

镜头3：经过前面两个镜头的铺垫，此时通过在垂直方向上拉镜头的方式，让镜头逐渐远离人物，表现出栈桥的线条感与周围环境的空旷、大气之美。

镜头4：最后一个镜头，则需要将画面拉回视频中的主角——人物。同样通过远景同时兼顾美丽的风景与人物。在构图时要利用好栈桥的线条，形成透视牵引线，增加画面空间感。

镜头1表现人物与海滩景色

镜头2表现出环境

镜头3逐渐表现出环境的极简美

镜头4回归人物

经过以上的思考后，就可以将"分镜头脚本"以表格的形式表现出来了，最终的成品请看下表：

镜号	景别	拍摄方法	时间	画面	解说	音乐
1	远景	移动机位拍摄人物与沙滩	3秒	穿着红衣的女子在沙滩上、海水边散步	稍微俯视的角度，表现出沙滩与海水。女子可以摆动起裙子	《沙滩》
2	中景	以摇镜的方式表现栈桥	2秒	狭长栈桥的全貌逐渐出现在画面中	摇镜的最后一个画面，需要栈桥透视线的灭点位于画面中央	同上
3	中景+远景	中景俯拍人物，采用拉镜方式，让镜头逐渐远离人物	10秒	从画面中只有人物与栈桥，再到周围的海水，再到更大空间的环境	通过长镜头，以及拉镜的方式，让画面逐渐出现更多的内容，引起观者的兴趣	同上
4	远景	固定机位拍摄	7秒	女子在优美的海上栈桥翩翩起舞	利用栈桥让画面更具空间感。人物站在靠近镜头的位置，使其占据画面一定的比例	同上

第11章
佳能相机视频拍摄基本流程

录制视频的简易流程

下面我们以 5D Mark Ⅳ 相机为例,讲解拍摄视频短片的简单流程。

❶ 设置视频短片格式菜单选项,并进入实时显示模式。

❷ 切换相机的曝光模式为TV或M挡或其他模式,开启"短片伺服自动对焦"功能。

❸ 将"实时显示拍摄/短片拍摄"开关转至短片拍摄位置。

❹ 通过自动或手动的方式先对主体进行对焦。

❺ 按下 START/STOP 按钮,即可开始录制短片。录制完成后,再次按下 START/STOP 按钮。

▤ 选择合适的曝光模式

▤ 切换至短片拍摄模式

▤ 在拍摄前,可以先进行对焦

▤ 录制短片时,会在右上角显示一个红色的圆

虽然上面的流程看上去很简单,但实际上在这个过程中,涉及若干知识点,如设置视频短片参数、设置视频拍摄模式、开启并正确设置实时显示模式、开启视频拍摄自动对焦模式、设置视频对焦模式、设置视频自动对焦灵敏度、设置录音参数、设置时间码参数等,只有理解并正确设置这些参数,才能够录制出一个合格的视频。

下面笔者将通过若干个小节讲解上述知识点。

设置视频格式、画质

跟设置照片的尺寸、画质一样，录制视频的时候也需要关注视频文件的相关参数，如果录制的视频只是家用的普通记录短片，可能全高清分辨率就可以，但是如果作为商业短片，可能需要录制高帧频的 4K 视频，所以在录制视频，之前一定要设置好视频的参数。

设置视频格式与画质

在此通常需要设置视频格式、尺寸、帧频等选项，在下一页的表格中有详细展示佳能相机常见视频格式、尺寸、帧频参数的含义。下面以 5D Mark Ⅳ 相机为例，讲解操作方法，其他佳能相机的菜单位置及选项，可能与此略有区别，但操作方法与选项意义相同。

❶ 在**拍摄菜单4**中选择**短片记录画质**选项

❷ 点击选择**MOV/MP4**选项

❸ 点击选择录制视频的格式选项

❹ 如果在步骤❷中选择了**短片记录尺寸**选项，点击选择所需的短片记录尺寸选项，然后点击 SET OK 图标确定

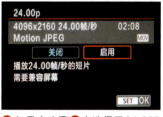
❺ 如果在步骤❷中选择了**24.00P**选项，点击选择**启用**或**关闭**选项，然后点击 SET OK 图标确定

设置 4K 视频录制

在许多手机都可以录制4K视频的今天，4K基本上许多中高端相机的标配，以EOS 5D Mark Ⅳ 为例，在4K视频录制模式下，用户可以录制最高帧频为30P、无压缩的超高清视频。

不过 EOS 5D Mark Ⅳ 的 4K 视频录制模式采集的是图像传感器的中心像素区域，并非全部的像素，所以在录制 4K 视频时，拍摄视角会变得狭窄，约等于 1.74 倍的镜头系数。这就提示我们，在选购以视频功能为主要卖点的相机时，画面是否有裁剪是一个值得比较的参数。例如，EOS R5 相机就可以录制无裁剪的 4K 视频。

另外，回放4K视频时，大部分相机允许用户从短片中截取静态画面成为一张新照片，因此，先用4K录制视频，事后抽帧成为照片的方式，在纪实摄影中应用逐渐开始广泛起来。

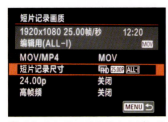
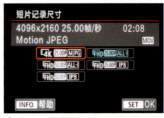

❶ 在**短片记录画质**菜单中选择**短片记录尺寸**选项

❷ 点击选择带 4K 图标的选项，然后点击 SET OK 图标确定

FHD/HD 画质视频的取景范围

4K 画质视频的取景范围

短片记录画质选项说明表			
MOV/MP4	MOV 格式的视频文件适用于在计算机上后期编辑；MP4 格式的视频文件经过压缩，变得较小，便于网络传输		
短片记录尺寸	图像大小		
	4K	FHD	HD
	4K 超高清画质。记录尺寸为 4096×2160，长宽比约为 17：9	全高清画质。记录尺寸为 1920×1080，长宽比为 16：9	高清画质。记录尺寸为 1280×720。长宽比为 16：9
	帧频（帧/秒）		
	119.9P 59.94P 29.97P	100.0P 25.00P 50.00P	23.98P 24.00P
	分别以 119.9 帧/秒、59.94 帧/秒、29.9 帧/秒的帧频率记录短片。适用于电视制式为 NTSC 的地区（北美、日本、韩国、墨西哥等）。119.9P 在启用"高帧频"功能时有效	分别以 110 帧/秒、25 帧/秒、50 帧/秒的帧频率记录短片。适用于电视制式为 PAL 的地区（欧洲、俄罗斯、中国、澳大利亚等）。100.0P 在启用"高帧频"功能时有效	分别以 23.98 帧/秒和 24 帧/秒的帧频率记录短片，适用于电影。24.00P 在启用"24.00P"功能时有效
	压缩方法		
	MJPG	ALL-I	IPB	IPB ⬇
	当选择为"MOV"格式时可选。不使用任何帧间压缩，一次压缩一个帧并进行记录，因此压缩率低。仅适用于 4K 画质的视频	当选择为"MOV"格式时可选。一次压缩一个帧进行记录，便于计算机编辑	一次高效地压缩多个帧进行记录。由于文件尺寸比使用 ALL-I 时更小，在同样存储空间的情况下，可以录制更长时间的视频	当选择为"MP4"格式时可选。由于短片以比使用 IPB 时更低的比特率进行记录，因而文件尺寸更小，并且可以与更多回放系统兼容
24.00P	选择"启用"选项，将以 24.00 帧/秒的帧频录制 4K 超高清、全高清、高清画质的视频		
高帧频	选择"启用"选项，可以在高清画质下，以 119.9 帧/秒或 100.0 帧/秒的高帧频录制短片		

根据存储卡及时长设置视频画质

与不同尺寸、压缩比的照片文件大小不同一样，录制视频时，如果使用了不同的视频尺寸、帧频、压缩比，视频文件的大小也相去甚远。

因此，拍摄视频之前一定要预估自己使用的存储卡可以记录的视频时长，以避免录制视频时由于要临时更换存储卡，而不得不中断视频录制的尴尬。

在下面的表格中，笔者以 EOS 5D Mark Ⅳ 为例，列出了不同视频尺寸、画质、压缩比，在不同容量的存储卡上，可以记录的总时长及该视频每分钟文件尺寸。虽然表格中的数据对于佳能相机的其他型号，可能并不准确，但也具有一定参考意义。

当录制的视频被保存为 MOV 格式时，请参考下方表格。

短片记录画质			存储卡上可记录的总时间			文件尺寸
			8GB	32GB	128GB	
4K：4K						
29.97P 25.00P 24.00P 23.98P		MJPG	2分钟	8分钟	34分钟	3587MB/分钟
FHD：Full HD						
59.94P 50.00P		ALL-I	5分钟	23分钟	94分钟	1298MB/分钟
59.94P 50.00P		IPB	17分钟	69分钟	277分钟	440MB/分钟
29.97P 25.00P 24.00P 23.98P		ALL-I	11分钟	46分钟	186分钟	654MB/分钟
29.97P 25.00P 24.00P 23.98P		IPB	33分钟	135分钟	541分钟	225MB/分钟
HDR 短片拍摄			33分钟	135分钟	541分钟	225MB/分钟
HD：HD						
119.9P 100.0P		ALL-I	6分钟	26分钟	105分钟	1155MB/分钟

当录制的视频被保存为MP4格式时，请参考下方表格。

短片记录画质			存储卡上可记录的总时间			文件尺寸
			8GB	32GB	128GB	
FHD：Full HD						
59.94P 50.00P		IPB	17分钟	70分钟	283分钟	431MB/分钟
29.97P 25.00P 24.00P 23.98P		IPB	35分钟	140分钟	563分钟	216MB/分钟
HDR 短片拍摄			35分钟	140分钟	563分钟	216MB/分钟
29.97P 25.00P		IPB	86分钟	347分钟	13691分钟	87MB/分钟

开启并认识实时显示模式

使用佳能相机录制视频时，需要开启实时显示模式，下面针对实时显示的操作以及相关参数进行详细讲解。

开启实时显示拍摄功能

以佳能5D Mark Ⅳ 相机为例，要开启实时显示拍摄功能，可先将实时显示拍摄/短片拍摄开关转至 ○ 位置，然后按下 START/STOP 按钮。即可进行实时显示拍摄了。

拍摄视频需要将实时显示拍摄/短片拍摄开关转至 🎥 位置，然后按下 START/STOP 按钮。

实时显示拍摄状态下的信息内容

在实时显示拍摄模式下，屏幕会显示若干参数，了解这些参数的含义，有助于摄影师快速调整相关参数，以提高录制视频的效率、成功率及品质。

如果在屏幕上未显示右图所示参数，可以按INFO键切换屏幕显示信息。

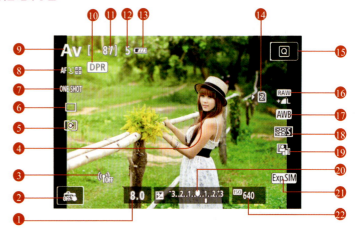

❶ 光圈值
❷ 触摸快门
❸ Wi-Fi功能
❹ 自动对焦点
❺ 测光模式
❻ 驱动模式
❼ 自动对焦模式
❽ 自动对焦区域模式
❾ 拍摄模式
❿ 全像素双核RAW拍摄
⓫ 可拍摄数量/自拍剩余的秒数
⓬ 最大连拍数量
⓭ 电池电量
⓮ 记录/回放存储卡
⓯ 速控按钮
⓰ 图像记录画质
⓱ 白平衡/白平衡校正
⓲ 照片风格
⓳ 自动亮度优化
⓴ 曝光量指示标尺
㉑ 曝光模拟
㉒ ISO感光度

设置视频拍摄模式

与拍摄照片一样，拍摄视频时也可以采用多种不同的曝光模式，如自动曝光模式、光圈优先曝光模式、快门优先曝光模式、全手动曝光模式等。

如果对于曝光要素不太理解，可以直接设置为自动曝光或程序自动曝光模式。

如果希望精确控制画面的亮度，可以将拍摄模式设置为全手动曝光模式。但在这种拍摄模式下，需要摄影师手动控制光圈、快门和感光度三个要素，下面分别讲解这三个要素的设置思路。

光圈：如果希望拍摄的视频场景具有电影效果，可以将光圈设置得稍微大一点，从而虚化背景获得浅景深效果。反之，如果希望拍摄出来的视频画面远近都比较清晰，就需要将光圈设置得稍微小一点。

感光度：在设置感光度的时候，主要考虑的是整个场景的光照条件，如果光照不是很充分，可以将感光度设置得稍微大一点，反之则可以降低感光度，以获得较为优质的画面。

快门速度对于视频的影响比较大，因此在下面做详细讲解。

理解快门速度对视频的影响

在曝光三要素中，光圈、感光度无论在拍摄照片还是拍摄视频时，其作用都是一样的，但唯独快门速度对于视频录制有着特殊的意义，因此值得详细讲解。

根据帧频确定快门速度

从视频效果来看，大量摄影师总结出来的经验是应该将快门速度设置为帧频2倍的倒数。此时录制出来的视频中运动物体的表现是最符合肉眼观察效果的。

比如视频的帧频为25P，那么快门速度应设置为1/50秒（25乘以2等于50，再取倒数，为1/50）。同理，如果帧频为50P，则快门速度应设置为1/100秒。

但这并不是说，在录制视频时，快门速度只能锁定不变。在一些特殊情况下，需要利用快门速度调节画面亮度时，在一定范围内进行调整是没有问题的。

快门速度对视频效果的影响

1. 拍摄视频的最低快门速度

当需要降低快门速度提高画面亮度时，快门速度不能低于帧频的倒数。比如帧频为25P时，快门速度不能低于1/25秒。而事实上，也无法设置比1/25秒还低的快门速度，因为佳能相机在录制视频时会自动锁定帧频倒数为最低快门速度。

在昏暗环境下录制时可以适当降低快门速度以保证画面亮度

2.拍摄视频的最高快门速度

当需要提高快门速度降低画面亮度时,其实对快门速度的上限是没有硬性要求的。但快门速度过高时,由于每一个动作都会被清晰定格,从而导致画面看起来很不自然,甚至会出现失真的情况。

造成此点的原因是因为人的眼睛是有视觉时滞的,也就是看到高速运动的景物时,会出现动态模糊的效果。而当使用过高的快门速度录制视频时,运动模糊消失了,取而代之的是清晰的影像。比如在录制一些高速奔跑的景象时,由于双腿每次摆动的画面都是清晰的,就会看到很多只腿的画面,也就导致了画面失真、不正常的情况。

因此,建议在录制视频时,快门速度最好不要高于最佳快门速度的2倍。

电影画面中的人物进行速度较快的移动时,画面中出现动态模糊效果是正常的

拍摄帧频视频时推荐的快门速度

上面对于快门速度对视频的影响进行了理论性讲解,这些理论可以总结成为下面展示的一个比较简单的表格。

帧频	快门速度(秒)		
	普通短片拍摄	HDR 短片拍摄	
		P、Av、B、M 模式	Tv 模式
119.9P	1/4000 ~ 1/125	—	
100.0P	1/4000 ~ 1/100		
59.94P	1/4000 ~ 1/60		
50.00P	1/4000 ~ 1/50		
29.97P	1/4000 ~ 1/30	1/1000 ~ 1/60	1/4000 ~ 1/60
25.00P	1/4000 ~ 1/25	1/1000 ~ 1/50	1/4000 ~ 1/50
24.00P		—	
23.98P			

开启视频拍摄自动对焦模式

佳能最近这几年发布的相机均具有视频自动对焦模式，即当视频中的对象移动时，能够自动对其进行跟焦，以确保被拍摄对象在视频中的影像是清晰的。

但此功能需要通过设置"短片伺服自动对焦"菜单选项来开启，下面以佳能 5D4 为例，讲解其开启方法。

❶ 在**拍摄菜单4**中选择**短片伺服自动对焦**选项

❷ 点击选择**启用**或**关闭**选项，然后点击 SET OK 图标确定

提示：该功能在搭配某些镜头使用时，发出的对焦声音可能会被采集到视频中。如果发生这种情况，建议外接指向性麦克风解决该问题。

将"短片伺服自动对焦"菜单设为"启用"选项，即可使相机在视频拍摄期间，即使不半按快门，也能根据被摄对象的移动状态不断调整对焦，以保证始终对被摄对象进行对焦。

但在使用该功能时，相机的自动对焦系统会持续工作，当不需要跟焦被摄体，或者将对焦点锁定在某个位置时，即可通过按下赋予了"暂停短片伺服自动对焦"功能的自定义按键来暂停该功能。

通过上面的图片可以看出来，笔者拿着红色玩具小车不规则运动时，相机是能够准确跟焦的。

如果将"短片伺服自动对焦"菜单设为"关闭"选项，那么只有通过半按快门、按下相机背面 AF-ON 按钮或者在屏幕上单击对象的时候，才能够进行对焦。

例如在右面的图示中，第1次对焦于左上方的安全路障，如果不再次单击其他位置的话，对焦点会一直锁定在左上方的安全路障，单击右下方的篮球焦点后，焦点会重新对焦在篮球上。

设置视频对焦模式

选择对焦模式

在拍摄视频时,有两种对焦模式可供选择,一种是ONE SHOT单次自动对焦,另一种是SERVO伺服自动对焦。

ONE SHOT单次自动对焦模式适合于拍摄静止被摄对象,半按快门按钮时,相机只实现一次对焦,合焦后,自动对焦点将变为绿色。SERVO伺服自动对焦模式适合于拍摄移动的被摄对象,只要保持半按快门按钮,相机就会对被摄对象持续对焦,合焦后,自动对焦点为蓝色。

▤ 设置自动对焦模式

使用这种模式时,如果配合使用下方将要讲解的"👤+追踪""自由移动AF( )"对焦方式,只要对焦框能跟踪并覆盖被摄体,相机就能够持续对焦。

选择自动对焦方式

除非以固定机位拍摄风光、建筑等静止对象,否则,拍摄视频时的对焦模式都应该选择伺服自动对焦SERVO。此时,可以根据要选择对象或对焦需求,选择三种不同的自动对焦方式。在实时取景状态下按下Q按钮,点击选择左上角的自动对焦方式图标,然后在屏幕下方点击选择所需要的选项。

▤ 速控屏幕中选择AF👤图标(👤+追踪)模式的状态

▤ 速控屏幕中选择AF( )图标(自由移动多点)模式的状态

▤ 速控屏幕中选择AF □图标(自由移动1点)模式的状态

也可以按下面展示菜单操作方法切换不同的自动对焦模式,下面详解不同模式的含义。

❶ 在**拍摄菜单5**中选择**自动对焦方式**选项

❷ 点击选择一种对焦模式

> 提示:由于Canon EOS 5D Mark Ⅳ的液晶监视器可以触摸操作,因此在选择对焦区域时,也可以直接点击液晶监视器屏幕选择对焦位置。

1. ☺+追踪

在此模式下,相机优先对被摄人物的脸部进行对焦,即使在拍摄过程中被摄人物的面部发生了移动,自动对焦点也会移动以追踪面部。当相机检测到人的面部时,会在要对焦的脸上出现☺自动对焦点。如果检测到多个面部,将显示 ⟨ ⟩,使用多功能控制钮❋将 ⟨ ⟩ 框移动到目标面部上即可。如果没有检测到面部,相机会切换到自由移动 1 点模式。

☺+追踪模式的对焦示意

2. 自由移动 AF ( )

在此模式下,相机可以采用两种模式对焦,一种是以最多 63 个自动对焦点对焦,这种对焦模式能够覆盖较大区域;另一种是将液晶监视器分割成为 9 个区域,摄影师可以使用多功能控制钮❋选择某一个区域进行对焦,也可以直接在屏幕上通过单击不同位置来进行对焦。默认情况下相机自动选择前者。可以按下❋或 SET 按钮,在这两种对焦模式间切换。

自由移动AF( )模式的对焦示意

3. 自由移动 AF □

在此模式下,液晶监视器上只显示 1 个自动对焦点,使用多功能控制钮❋使该自动对焦点移至要对焦的位置,当自动对焦点对准被摄体时半按快门即可。也可以直接在屏幕上通过单击不同位置来进行对焦。如果自动对焦点变为绿色并发出提示音,表明合焦正确;如果没有合焦,对焦点以橙色显示。

自由移动AF□模式的对焦示意

设置视频自动对焦灵敏度

短片伺服自动对焦追踪灵敏度

当录制短片时，在使用了短片伺服自动对焦功能的情况下，可以在"短片伺服自动对焦追踪灵敏度"菜单中设置自动对焦追踪灵敏度。

灵敏度选项有七个等级，如果设置为偏向灵敏端的数值，那么当被摄体偏离自动对焦点时或者有障碍物从自动对焦点面前经过时，那么自动对焦点会对焦其他物体或障碍物。

而如果设置偏向锁定端的数值，则自动对焦点会锁定被摄体，而不会轻易对焦到别的位置。

❶ 在**拍摄菜单4**中选择**短片伺服自动对焦追踪灵敏度**选项

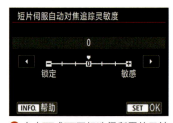

❷ 点击◀或▶图标选择所需的灵敏度等级，然后点击 SET OK 图标确定

■锁定（-3/-2/-1）：偏向锁定端，可以使相机在自动对焦点丢失原始被摄体的情况下，也不太可能追踪其他被摄体。设置的负数值越低，相机追踪其他被摄体的概率越小。这样的设置，可以在摇摄期间或者有障碍物经过自动对焦点时，防止自动对焦点立即追踪非被摄体的其他物体。

■敏感（+1/+2/+3）：偏向锁定端，可以使相机在追踪覆盖自动对焦点的被摄体时更敏感。设置数值越高，则对焦越敏感。这样的设置，适用于想要持续追踪与相机之间的距离发生变化的运动被摄体时，或者要快速对焦其他被摄体时的录制场景。

例如，在上面的图示中，摩托车手短暂地被其他的摄影师所遮挡，此时如果对焦灵敏度过高，焦点就会落在其他的摄影师上，而无法跟随摩托车手，因此这个参数一定要根据当时拍摄的情况来灵活设置。

短片伺服自动对焦速度

当启用"短片伺服自动对焦"功能，并且自动对焦方式设置为"自由移动1点"选项时，可以在"短片伺服自动对焦速度"菜单中设定在录制短片时，短片伺服自动对焦功能的对焦速度和应用条件。

■启用条件：选择"始终开启"选项，那么在"自动对焦速度"选项中的设置，将在短片拍摄之前和在短片拍摄期间都有效。选择"拍摄期间"选项，那么在"自动对焦速度"选项中的设置仅在短片拍摄期间生效。

■自动对焦速度：可以将自动对焦转变速度从标准速度调整为慢(七个等级之一)或快(两个等级之一)，以获得所需的短片效果。

❶ 在**拍摄菜单4**中选择**延时短片**选项

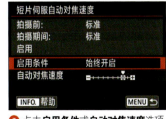
❷ 点击**启用条件**或**自动对焦速度**选项

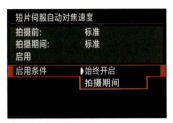
❸ 点击选择**始终开启**或**拍摄期间**选项

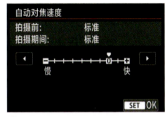
❹ 点击◀或▶图标选择切换对焦的速度，然后点击 SET OK 图标确定

> 提示："自动对焦速度"并不是越快越好。当需要变换对焦主体时，为了让焦点的转移更自然、更柔和，往往需要画面中出现由模糊到清晰的过程，此时就需要设置较慢的自动对焦速度来实现。

设置录音参数并监听现场音

使用相机内置的麦克风可录制单声道声音,通过将带有立体声微型插头(直径为3.5mm)的外接麦克风连接至相机,则可以录制立体声,然后配合"录音"菜单中的参数设置,可以实现多样化的录音控制。

录音 / 录音电平

选择"自动"选项,录音音量将会自动调节;选择"手动"选项,则可以在"录音电平"界面中将录音音量的电平调节为 64 个等级之一,适用于高级用户;选择"关闭"选项,将不会记录声音。

风声抑制 / 衰减器

将"风声抑制"设置为"启用"选项,则可以降低户外录音时的风声噪音,包括某些低音调噪音(此功能只对内置麦克风有效);在无风的场所录制时,建议选择"关闭"选项,以便能录制到更加自然的声音。

在拍摄前即使将"录音"设定为"自动"或"手动",如果有非常大的声音,仍然可能会导致声音失真。在这种情况下,建议将"衰减器"设为"启用"选项。

监听视频声音

在录制现场声音的视频时,监听视频声音非常重要。而且,这种监听需要持续整个录制过程。

因为在使用收音设备时,有可能因为没有更换电池,或其他未知因素,导致现场声音没有被录制进视频。

有时,现场可能有很低的噪音,这种声音是否会被录入视频,一个确认方法就是在录制时监听,另外也可以通过回放来核实。

通过将配备有 3.5mm 直径微型插头的耳机,连接到相机的耳机端子上,即可在短片拍摄期间听到声音。

如果使用的是外接立体声麦克风,可以听到立体声声音。要调整耳机的音量,按 Q 按钮并选择 ∩,然后转动 ◎ 调节音量。

注意:如果视频将进行专业后期处理,那么,现场即使有均衡的低噪音也不必过于担心,因为后期软件可以将这样的噪音轻松去除。

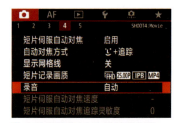

❶ 在**拍摄菜单4**中选择**录音**选项

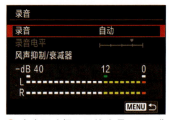

❷ 点击可选择不同的选项,即可进入修改参数界面

耳机端子

设置时间码参数

利用"时间码"功能,可以让相机在拍摄视频期间自动同步记录时间。可以记录小时、分钟、秒钟和帧的信息,这些信息主要在短片编辑期使用。

❶ 在**拍摄菜单3**中选择**时间码**选项

❷ 点击选择要修改的选项

❸ 若在步骤❷中选择了**计数**选项,可选择**记录时运行**或**自由运行**选项

❹ 若在步骤❷中选择了**开始时间设置**选项,点击选择所需的选项

❺ 若在步骤❷中选择了**短片记录计时**选项,在此可以选择**记录时间**或**时间码**选项

❻ 若在步骤❷中选择了**短片播放计时**选项,在此可以选择**记录时间**或**时间码**选项

❼ 若在步骤❷中选择了**时间码**选项,在此可以选择**开**或**关**选项

■计数:选择"记录时运行"选项,时间码只会在拍摄视频期间计时。若选择"自由运行"选项,则无论是否拍摄视频,都会计数时间码。

■开始时间设置:用于设定时间码的开始时间。在"手动输入设置"选项中可以自由设定小时、分钟、秒钟和帧。在"重置"选项中,则将"手动输入设置"和"设置为相机时间"设定的时间恢复为00:00:00。在"设置为相机时间"选项中,则设置与相机内置时钟一样的时间,但不会记录"帧"。

■短片记录计时:可以选择在短片拍摄屏幕上显示的内容。选择"记录时间"选项,则显示从开始拍摄视频起经过的时间;选择"时间码"选项,则显示拍摄视频期间的时间。

■短片播放计时:可以选择在短片回放屏幕上显示的内容。选择"记录时间"选项,则在视频回放期间显示记录时间和回放时间;选择"时间码"选项,则在视频回放期间显示时间码。

■HDMI:用于设置当通过HDMI输出短片时是否添加时间码。

录制延时短片

延时短片第一次以全民瞩目的形式被多数人认识，可能是2020年疫情期间的火神山医院建设工程，长达100多个小时不眠不休的建设过程，被压缩在2分钟视频中，不仅让亿万国人认识到我国强大的资源调动能力、工程建设能力，更起到了提振国民信心的作用。

虽然，现在新款手机普遍具有拍摄延时短视频的功能，但可控参数较少、画质不高，因此，如果要拍摄更专业的延时短片，还是需要使用相机。

下面以佳能5D4为例，讲解如何利用"延时短片"功能拍摄一个无声的视频短片。

❶ 在**拍摄菜单5**中选择**延时短片**选项

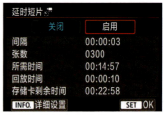

❷ 点击选择**启用**选项，然后点击 INFO.详细设置 图标进入间隔/张数设置界面

- **拍摄间隔**：可在"00:00:01"至"99:59:59"之间，设定每2张照片之间的拍摄间隔时间。例如，00:56:03即为每隔56分3秒拍摄一张照片。

- **拍摄张数**：可在"0002"至"3600"张之间设定。如果设定为3600，NTSC模式下生成的延时短片将约为2分钟，PAL模式下生成的延时短片将约为2分24秒。

完成设置后，相机会显示按拍摄预计需要拍多长时间，及按当前制式放映时长。

如果录制的延时场景时间跨度较大，例如持续几天，则"间隔"数值可以适当加大。

如果希望延时视频时景物变化细腻一些，则可以加大"拍摄张数"数值。

❸ 点击选择间隔或张数的数字框，然后点击 ▲ 或 ▼ 图标选择所需的间隔时间或张数

❹ 设置完成后，显示预计拍摄时长及放映时长，点击选择**确定**选项

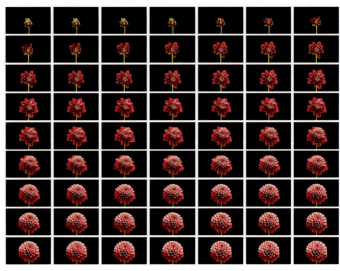

这组图是从视频中截取的。利用"延时短片"功能，将鲜花绽放的过程在极短的时间内展示出来，极具视觉震撼力

录制高帧频短片

让视频短片的视觉效果更丰富的方法之一，是调整视频的播放速度，使其加速或减速，成为快放或慢动作效果。

加速视频的方法很简单，通过后期处理将1分钟的视频压缩在10秒内播放完毕即可。

而要获得高质量慢动作视频效果，则需要在前期录制出高帧频视频。例如，在默认情况下，如果以25帧/秒的帧频录制视频，1秒只能录制25帧画面，回放时也是1秒。

但如果以100帧/秒的帧频录制视频，1秒则可以录制100帧画面，所以，当以常规25帧/秒的速度播放视频时，1秒内录制的动作则呈现为4秒，成为电影中常见的慢动作效果，这种视频效果特别适合表现那些重要的瞬间或高速运动的拍摄题材，如飞溅的浪花、腾空的摩托车、起飞的鸟儿等。

下面是EOS 5D Mark Ⅳ相机为例讲解启用此功能的方法，其他相机操作基本与此类似。

  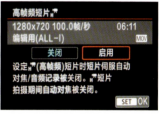

❶ 在**拍摄菜单4**中选择**短片记录画质**选项　　❷ 点击选择**高帧频**选项　　❸ 点击选择**启用**选项，然后点击 SET OK 图标确定

> 提示：在高帧频录制模式下，无法使用短片伺服自动对焦。在拍摄期间，自动对焦也不会起作用。另外，视频录制时长最长为7分29秒，但可以在视频停止后再次按录制按钮开始录制。

第12章
掌握构图与用光技巧

画面的主要构成

画面主体

在一幅照片中,主体不仅承担着吸引观者视线的作用,同时也是表现照片主题含义最重要的部分,而主体以外的元素,则应该围绕着主体展开,作为突出主体或表现主题的陪衬。

从内容上来说,主体可以是人,也可以是物,甚至可以是一个抽象的对象,而在构成上,点、线与面都可以成为画面的主体。

使用大光圈虚化了背景,在小景深的画面中蝴蝶非常醒目

100mm F5.6 1/200s ISO200

画面陪体

陪体在画面中并非必需的,但恰当地运用陪体可以让画面更为丰富,渲染不同的气氛,对主体起到解释、限定、说明的作用,有利于传达画面的主题。

有些陪体并不需要出现在画面中,通过主体发出的某种"信号",能让观者感觉到画面以外陪体的存在。

拍摄人像时以气球作为陪体,来使画面更加活泼,同时也丰富了画面的色彩

85mm F2.8 1/100s ISO100

画面环境

我们通常所说的环境，就是指照片的拍摄时间、地点等。而从广义角度来说，环境又可以理解成为社会类型、民族及文化传统等，无论是哪种层面的环境因素，都主要用于烘托主题，进一步强化主题思想的表现力，并丰富画面的层次。

相对于主体来说，位于其前面的即可理解为前景，而位于其后面的则称为背景。从作用上来说，它们是基本相同的，都用于陪衬主体或表明主体所处的环境。

只不过我们通常都采用背景作为表现环境的载体，而采用前景则相对较少。需要注意的是，无论是前景还是背景，都应该尽量简洁。简洁并非简单，前景或背景的元素可以很多，但不可杂乱无章，影响主体的表现。

画面主体　　　　　画面背景　　　　　画面前景

景别

景别是影响画面构图的另一重要因素。景别是指由于镜头与被摄体之间距离的变化,造成被摄主体在画面中所呈现出的范围大小的区别。

特写

特写可以说是专门为刻画细节或局部特征而使用的一种景别,在内容上能够以小见大,而对于环境则表现得非常少,甚至完全忽略。

需要注意的是,正因为特写景别是针对局部进行拍摄的,有时甚至会达到纤毫毕现的程度,因此对拍摄对象的要求会更为苛刻,以避免细节的不完美,影响画面的效果。

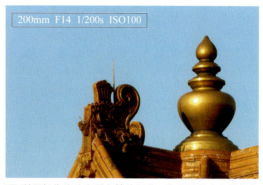

利用长焦镜头表现角楼的细节,突出了其古典的结构特点

近景

采用近景景别拍摄时,环境所占的比例非常小,对主体的细节层次与质感表现较好,画面具有鲜明、强烈的感染力。如果以人体来衡量,近景主要拍摄人物胸部以上的身体区域。

利用近景表现角楼,可以很好地突出其局部的结构特点

中景

中景通常是指选取拍摄主体的大部分,从而对其细节表现得更加清晰,同时,画面中也会拥有一些环境元素,用以渲染整体气氛。如果以人体来衡量,中景主要拍摄人物上半身至膝盖左右的身体区域。

中景画面中的角楼,可以看出其层层叠叠的建筑结构,很有东方特色

全景

全景是指以拍摄主体作为画面的重点，而主体则全部显示于画面中，适用于表现主体的全貌，相比远景更易于表现主体与环境之间的密切关系。例如，在人物肖像摄影中运用全景构图，既能展示出人物的行为动作、面部表情与穿着等，也可以从某种程度上来表现人物的内心活动。

全景很好地表现了角楼整体的结构特点

远景

远景拍摄通常是指在拍摄主体以外，还包括更多的环境因素。远景在渲染气氛、抒发情感、表现意境等方面具有独特的效果，具有广阔的视野，在气势、规模、场景等方面的表现力更强。

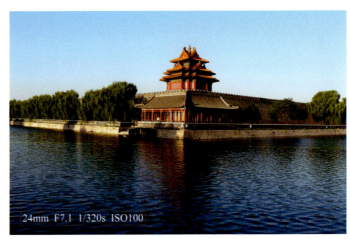

广角镜头表现了角楼和周围的环境，画面看起来很有气势

经典构图样式

水平线构图

水平线构图能使画面向左右方向产生视觉延伸感，增加画面的视觉张力，给人以宽阔、宁静、稳定之感。在拍摄时可根据实际拍摄对象的具体情况安排和处理画面的水平线位置。

如果天空较为平淡，可将水平线安排在画面的上 1/3 处的位置，着重表现画面下半部分的景象，例如有小舟划过、飞鸟掠过、游禽浮过的波光粼粼的水面，或有满山野花、嶙峋山石的地面等。

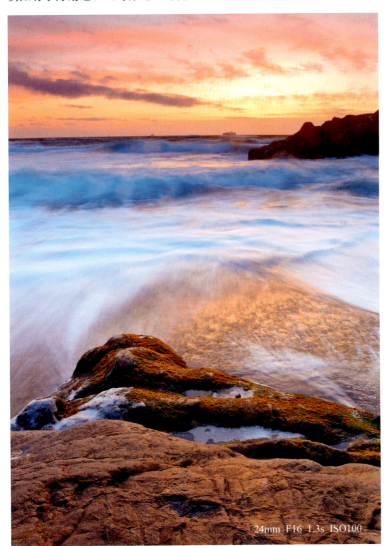

24mm F16 1.3s ISO100

高水平线构图很好地表现出了海面的纵深感

反之，如果天空中有变幻莫测、层次丰富、光影动人的云彩，可将画面的表现重点集中在天空，此时可调整画面中的水平线，将其放置在画面的下 1/3 处，从而使天空的面积在画面中比较大。

▤ 通过移动相机将地平面的交界线置于画面下部，可以很好地表现天空中变幻莫测的云彩，画面看起来非常壮观

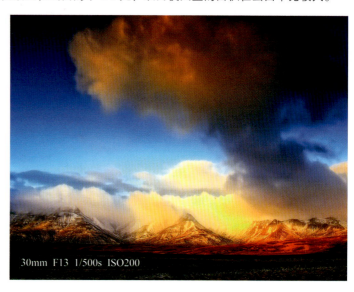

除此之外，摄影爱好者还可以将水平线放置在画面的中间位置，以均衡对称的画面形式展现开阔、宁静的画面效果，此时地面或水面与天空各占画面的一半。使用这样的构图形式时，要注意水平线上下方的景物最好具有一定的对称性，从而使画面比较平衡。

▤ 将水平线置于画面的中间位置，天空与大面积的云雾上下对等分割画面，加强了画面的稳定感

垂直线构图

垂直线构图也是基本的构图方法之一,可以将树木和瀑布等呈现的自然线条变成垂直线的构图。在想要表现画面的延伸感时使用此构图是非常有利的,同时要稍做改变,让连续垂直的线条在长度上有所不同,这样就会使画面增添更多的节奏感。

以垂直线构图表现树木的高大挺拔,将其生机勃勃的感觉表现得很好

斜线构图

斜线构图能使画面产生动感,并沿着斜线的两端产生视觉延伸,加强了画面的纵深感。另外,斜线构图打破了与画面边框相平行的均衡形式,与其产生势差,从而使斜线部分在画面中被突出和强调。

拍摄时,摄影师可以根据实际情况,刻意将在视觉上需要被延伸或者被强调的拍摄对象处理成为画面中的斜线元素加以呈现。

趴在树枝上的青蛙形成了斜线构图,绿色的树枝延伸至画面以外,给人以视觉延伸感

S 形构图

S 形构图能够利用画面结构的纵深关系形成"S"形,因此其弯转、屈伸所形成的线条变化,能使观者在视觉上感到趣味无穷。在风光摄影领域,常用于拍摄河流、蜿蜒的路径等题材,在视觉顺序上对观者的视线产生由近及远的引导。在人像摄影领域,常用于表现女性曼妙的身材,诱使观者按"S"形顺序,深入到画面中,给被拍摄对象增添圆润与柔滑的感觉,使画面充满动感和趣味性。

利用 S 形构图来表现女孩,更能凸显其优美的身姿

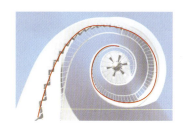

旋转的楼梯在画面中形成 S 形构图

三角形构图

三角形构图是指由人物主体的形体或形体组合在画面中形成三角形。三角形构图是人像摄影中常用的一种构图方式,是使画面均衡的有效方法,往往给人平稳、大方、稳定的感觉。另外,还有一些延伸的三角形构图,例如倒三角形构图、虚三角形构图和多个三角形叠加构图。不同的三角形构图给人的视觉感受也不尽相同。

以三角形构图拍摄山峦,将其稳定、壮观的感觉表现得很好

透视牵引构图

透视牵引构图能将观者的视线及注意力有效地牵引、聚集在整个画面中的某个点或线上,形成一个视觉中心。它不仅对视线具有引导作用,而且还可以大大加强画面的视觉延伸性,增加画面空间感。

画面中相交的透视线条所成的角度越大,画面的视觉空间效果则越显著。因此在拍摄时,摄影师所选择的镜头、拍摄角度等都会对画面透视效果产生相应的影响。例如,镜头视角越广,越可以将前景尽可能多地纳入画面,从而加大画面最近处与最远处的差异对比,获得更大的画面空间深度。

使用广角镜头拍摄地铁隧道,画面呈现出近大远小的效果,铁轨的线条及墙壁上的线条形成透视牵引线,起到有引导观者视线的作用

三分法构图

三分法构图是比较稳定、自然的构图。把主体放在三分线上，可以引导视线更好地注意到主体。

这种构图法则一直以来被各种风格的摄影师广泛地使用，当然，如果所有的摄影都采用这样的构图方法也就没有趣味可言了。倘若适时地破坏三等分的原则，灵活地使用不平衡的构图，反而会得到意想不到的画面。

🗨 三分法构图不仅使用方便，且画面效果也很舒服

散点式构图

散点式构图就是以分散的点状形象构成画面，就像一些珍珠散落在银盘里，使整个画面中的景物既有聚又有散，既存在不同的形态，又统一在照片中的背景中。

散点构图最常见的拍摄题材，是用俯视的角度表现地面的牛羊马群，或草地上星罗棋布的花朵。

🗨 逆光下拍摄鸟群，以剪影的形式表现形态各异的飞鸟，结合鸟群斜上方的飞行趋势，画面看起来很有动感

对称式构图

对称式构图是指画面中的两部分景物以某一根线为轴，在大小、形状、距离和排列等方面相互平衡、对等的一种构图形式。

现实生活中的许多事物具有对称的结构，如人体、宫殿、寺庙、鸟类和蝴蝶的翅膀等，因此摄影中的对称构图实际上是对生活美的再现。

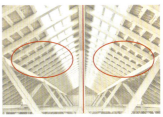

利用建筑本身的对称性，从而拍摄出非常稳定的画面效果

使用对称构图拍摄的照片常给人一种谐调、平静和秩序感，在拍摄那些本身对称的建筑或其他景物时常用，拍摄时常采用正面拍摄角度，例如拍摄寺庙或其他古代建筑，以展现其庄严、雄伟的内部对称式结构。除了利用被拍摄对象自身具有的对称结构进行构图外，也可以利用水面的倒影进行对称构图，这种手法在拍摄湖面或其他水面时常用。

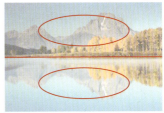

利用镜面对称的形式表现了湖水的宁静感

框式构图

框式构图是指借助于被摄对象自身或者被摄对象周围的环境,在画面中制造出框形的构图样式,以利于将观者的视点"框"在主体上,使之得到观者的特别关注。

在具体的拍摄中,"框"的选择主要取决于其是否能将观者的视点"框取"在主体物之上,而并不一定是封闭的框状。除了使用门、窗等框形结构外,树枝、阴影等开放的、不规则的"框"也常被应用到框式构图中。

框式构图特别适合于表现一种观察感,能使观者切身感受到自己仿佛就置身于"框"的这一侧向另一侧观看,而且还能够在画面中交代更多的环境层次关系,产生一种山外有山的感觉,丰富了画面视觉效果。

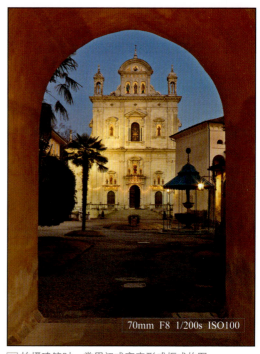

70mm F8 1/200s ISO100

📄 拍摄建筑时,常用门或窗来形成框式构图

📄 拍摄风光时,利用自然形成的框作为前景,可以起到汇聚视线的作用

50mm F16 1/15s ISO100

光的属性

直射光

光源直接照射到被摄体上,使被摄体受光面明亮、背光面阴暗,这种光线就是直射光。

直射光照射下的对象会产生明显亮面、暗面与投影,所以会表现出强烈的明暗对比。当以直射光照明被摄对象时,有利于表现被摄体的结构和质感,因此是建筑摄影、风光摄影的常用光线之一。

📖 直射光下拍摄的山峦,明暗反差对比强烈,线条硬朗,画面有力量

散射光

散射光是指没有明确照射方向的光,例如阴天、雾天时的天空光或者添加柔光罩的灯光,水面、墙面、地面反射的光线也是典型的散射光。散射光的特点是照射均匀,被摄体明暗反差小,影调平淡柔和,能较为理想地呈现出细腻且丰富的质感和层次。与此同时,也会带来被摄对象体积感不足的负面影响。

📖 利用散射光拍摄的照片色调柔和,明暗反差较小,画面整体效果素雅洁净

光的方向

光线的方向在摄影中也被称为光位,指光源位置与拍摄方向所形成的角度。当不同方向的光线投射到同一个物体上时,会形成 6 种在摄影时要重点考虑的光位,即顺光、侧光、前侧光、逆光、侧逆光和顶光。

顺光

顺光也称为"正面光",指光线的投射方向和拍摄方向相同的光线。在这样的光线下,被摄体受光均匀,景物没有大面积的阴影,色彩饱和,能表现丰富的色彩效果。但由于没有明显的明暗反差,所以对于层次和立体感的表现较差。

▣ 顺光拍摄的画面,虽然较好地表现了体积与颜色,但层次表现一般

侧光

侧光是所有光线位置中最常见的一种,侧光光线的投射方向与拍摄方向所成夹角大于 0°而小于 90°。在侧光下拍摄,被摄体的明暗反差、立体感、色彩还原、影调层次都有较好的表现。其中又以 45°的侧光最符合人们的视觉习惯,因此是一种最常用的光位。

▣ 使用侧光拍摄的山峦,可以使山峦看起来更立体,画面的层次感也更强

前侧光

前侧光是指光投射的方向和相机的拍摄方向呈 45°角左右的光线。在前侧光条件下拍摄的物体会产生部分阴影，明暗反差比较明显，画面看起来富有立体感。因此，这种光位在摄影中比较常见。另外，前侧光可以照亮景物的大部分范围，在曝光控制上也较容易掌握。

无论是在人像摄影、风光摄影中，还是在建筑摄影等摄影题材中，前侧光都有较广泛的应用。

利用前侧光拍摄人像，可使其大面积处于光线照射下，从画面中可看出，模特皮肤明亮，五官很有立体感

逆光

逆光也称为背光，光线照射方向与拍摄方向相反，因为能勾勒出被摄物体的亮度轮廓，所以又被称为轮廓光。逆光下拍摄需要对所拍摄的对象进行补光，否则拍出的照片立体感和空间感将被压缩，甚至成为剪影。

逆光拍摄的画面中，人物呈现为剪影效果，拍摄这类画面时背景要简洁

侧逆光

侧逆光通俗来讲就是后侧光，是指光线从被摄对象的后侧方投射而来。采用侧逆光拍摄可以使被摄景物同时产生侧光和逆光的效果。

如果画面中包含的景物比较多，靠近光源方向的景物轮廓就会比较明显，而背向光源方向的景物则会有较深的阴影，这样一来，画面中就会呈现出明显的明暗反差，产生较强的立体感和空间感，应用在人像摄影中能产生主体与背景分离的效果。

70mm F2.8 1/250s ISO100

💬 在侧逆光下拍摄人像时，其被光线照射的头发呈现出发光效果

顶光

顶光是指照射光线来自于被摄体的上方，与拍摄方向成90°夹角，是戏剧用光的一种，在摄影中单独使用的情况不多。尤其是在拍摄人像时，会在被摄对象的眉弓、鼻底及下颌等处形成明显的阴影，不利于表现被摄人物的美感。

200mm F3.2 1/500s ISO100

💬 顶光下拍摄的花朵由于明暗差距较大，因此看起来光感强烈，配合大光圈的使用，画面主体突出，且明亮、干净

光比的概念与运用

光比是指被摄物体受光面亮度与阴影面亮度的比值,是摄影的重要参数之一。光比还指被摄对象相邻部分的亮度之比,或被摄体主要部位中亮部与暗部之间的反差。光比大,反差就大;光比小,反差就小。

光比的大小,决定着画面明暗的反差,使画面形成不同的影调和色调。拍摄时巧用光比,可有效地表达被摄体"刚"与"柔"的特性。例如拍摄女性、儿童时常用小光比,拍摄男性、老人时常用大光比。所以,我们可以根据想要表现的画面效果来合理地控制画面的光比。

200mm F4 1/400s ISO100

使用大光比塑造人像,通常用于强化人物性格表现、营造画面氛围,画面中的女孩看起来很有时尚感

135mm F5.6 1/250s ISO100

光比较小的人像照片能够较好地表现出模特柔美的肤质和细腻的女性气质

第13章
美女、儿童摄影技巧

逆光小清新人像

小清新人像以高雅、唯美为特点，表现出了一些年轻人的审美情趣，而成为热门人像摄影风格。当小清新碰上逆光，会让画面显得更加唯美，不少户外婚纱照及写真都是这类风格。

逆光小清新人像的主要拍摄要点有：❶模特的造型、服装搭配；❷拍摄环境的选择；❸拍摄时机的选择；❹准确测光。掌握这几个要点就能轻松拍好逆光小清新人像，下面进行详细讲解。

1. 选择淡雅服装

选择颜色淡雅、质地轻薄、带点层次的服饰，同时还要注意鞋子、项链、帽子配饰的搭配。模特妆容以淡妆为宜，发型则以表现出清纯、活力的一面为主。总之，以能展现少女风为原则。

2. 选择合适的拍摄地点

可以选择如公园花丛、树林、草地、海边等较清新、自然的环境作为拍摄地点。在拍摄时可以利用花朵、树叶、水的色彩来营造小清新感。

3. 如何选择拍摄时机

一般逆光拍小清新人像的最佳时间是夏天下午四点半到六点半，冬天下午三点半到五点，这个时间段的光线比较柔和，能够拍出干净柔和的画面。同时还要注意空气的通透度，如果是雾蒙蒙的，则拍摄出来的效果不佳。

85mm F2.2 1/320s ISO100

以绿草地为背景，侧逆光，照在模特身上，形成唯美的轮廓光。模特坐在草地上，撩起一缕头头轻轻地吹，画面非常简洁、自然

50mm F2.5 1/400s ISO160

下午早些时候拍的画面，色彩非常小清新，色调不会偏向暖但又有逆光的唯美氛围

4. 构图

在构图时注意选择简洁的背景，背景中不要出现杂乱的物体，并且背景中的颜色也不要太多，不然会显得太乱。

树林、花丛不但可以用作背景，也可以用作前景，通过虚化来增加画面的唯美感。

☐ 金色和银色反光板

5. 设置曝光参数

将拍摄模式设置为光圈优先模式，设置光圈值F1.8~F4，以获得虚化的背景。感光度设置为ISO100~ISO200，以获得高质量的画面。

6. 对人物补光及测光

逆光拍摄时，人物会显得较暗，此时需要使用银色反光板摆在人物的斜上方对人脸进行补光（如果是暖色的夕阳光，则使用金色反光板），以降低人脸与背景光的反差。

将测光模式设置为中央重点平均测光模式，靠近模特或将镜头拉近，以脸部皮肤为测光区域半按快门进行测光，得到数据后按下曝光锁定按钮锁定曝光。

☐ 选择光圈优先模式

☐ 设置光圈值

☐ 选择中央重点平均测光模式

☐ 按下曝光锁定按钮锁定曝光

7. 重新构图并拍摄

在保持按下曝光锁定按钮的情况下，通过改变拍摄距离或焦距重新构图，并对人物半按快门对焦，对焦成功后按下快门进行拍摄。

> 提示：建议使用RAW格式存储照片，这样即使在曝光方面有点不理想，也可以很方便地通过后期优化。

☐ 模特拽着栏网，身体稍微向后倾，微笑着看向镜头，在侧逆光光线下，画面显得阳光和活泼感

阴天环境下的拍摄技巧

阴天环境下的光线比较暗，容易导致人物缺乏立体感。但从另一个角度来说，阴天环境下的光线非常柔和，一些本来会产生强烈反差的景物，此时在色彩及影调方面也会变得丰富起来。我们可以将阴天视为阳光下的阴影区域，只不过环境要更暗一些，但配合一些解决措施还是能够拍出好作品的。

1. 利用光圈优先模式并使用大光圈拍摄

由于环境光线较暗，需要使用大光圈值拍摄以保证曝光量，推荐使用光圈优先模式，设置光圈值 F1.8~F4（根据镜头所能达到的光圈值而设）。

2. 注意安全快门和防抖

如果已经使用了镜头的最大光圈值，仍然达不到安全快门的要求，此时可以适当调高 ISO 感光度数值，可以设置 ISO200~ISO500，如果镜头支持，还可以打开防抖功能。必要时可以使用三脚架保持相机的稳定。

选择光圈优先模式

设置光圈值

设置ISO感光度

开启防抖功能

> 提示：如果在拍摄时实在无法把握曝光参数，那么宁可让照片略有些欠曝，也不要曝光过度。因为在阴天情况下，光线的对比不是很强烈，略微的欠曝不会使照片有"死黑"的情况，我们可以通过后期处理进行恢复（会产生噪点）。

28mm F3.2 1/200s ISO160

在阴天柔和的光线下拍摄时，利用反光板补光，使模特的皮肤显现得非常娇嫩，画面更显清爽

3. 恰当构图以回避瑕疵

阴天时的天空通常比较昏暗、平淡，因此在拍摄时，应注意尽量避开天空，以免拍出一片灰暗的图像或曝光过度的纯白图像，影响画面的质量。

拍摄第一张时，由于地面与天空的明暗差距大，因此画面中天空的部分苍白一片；拍摄第二张时降低了拍摄角度，避开了天空，仅以地面为背景，得到整体层次细腻的画面

4. 巧妙安排模特着装与拍摄场景

阴天时环境比较灰暗，因此最好让模特穿上色彩比较鲜艳的衣服，而且在拍摄时，应选择相对较暗的背景，这样会使模特的皮肤显得更白嫩一些。

5. 用曝光补偿提高亮度

无论是否打开闪光灯，都可以尝试增加曝光补偿，以增强照片的亮度。

由于阴天里的光线较暗，因此在拍摄时增加了曝光补偿，使画面中女孩的皮肤看起来很白皙、细腻

如何拍摄跳跃照

单纯与景点或同伴合影,已经显得不够新颖了,年轻人更喜欢创新一点的拍摄形式,跳跃照就是其中之一。在拍摄跳起来的照片时,如果看到别人的画面都很精彩,而自己的照片中人物跳得很低,甚至像"贴"在地面上一样,不要怪自己或同伴不是弹跳高手,其实这只是拍摄角度有问题,只要改变拍摄的角度,就有可能拍出一张"跳跃云端"的画面。

1. 选择合适的拍摄角度

拍摄时摄影师要比跳跃者的位置低一点,这样才会显得跳跃者跳得很高。

千万注意不可以以俯视角度拍摄,这样即使被拍摄者跳得很高,拍摄出来的效果也显得和没跳起来一样。

2. 模特注意事项

被拍摄者在跳跃前,应该稍微侧一下身体,以45°角面对相机,在跳跃时,小腿应该向后收起来,这样相比小腿直直地跳,感觉上会跳得高一点。当然,也可以自由发挥跳跃的姿势,总体原则以腿部向上或向水平方向伸展为宜。

3. 构图

构图时,画面中最好不出现地面,这样可以让观者猜不出距离地面究竟有多高,就能给人一种很高的错觉。

需要注意的是,不管是横构图还是竖构图,都要在画面的上方、左右留出一定的空间,否则模特起跳后,有可能身体会跃出画面。

以俯视角度拍摄,可以看出跳跃效果不佳

拍摄者躺在地上,以超低角度拍摄

构图时预留的空间不够,导致模特的手在画面之外了

4. 设置连拍模式

跳起来的过程只有 1~2 秒钟，须采用连拍模式拍摄。将相机的驱动模式设置为连拍（如果相机支持高速连拍，则设置该选项）。

佳能80D相机的两种连拍模式

5. 设置拍摄模式和感光度

由于跳跃时人物处于运动状态，所以适合使用快门优先模式拍摄。为了保证人物动作被拍摄清晰，快门速度最低要设置到 1/500s，越高的快门速度效果越好。感光度则要根据测光来决定，在光线充足的情况下 ISO100~ISO200 即可。如果测光后快门速度达不到 1/500s，则要增加 ISO 感光度值，直至达到所需的快门速度为止。

6. 设置对焦模式和测光模式

拍摄时应将对焦模式设置为人工智能伺服自动对焦（AI SERVO）；自动对焦区域模式设置为自动选择模式即可。

在光线均匀的情况下，将测光模式设置为评价测光，如果是拍摄剪影类的跳跃照，则设置为点测光。

设置自动对焦模式

设置测光模式

7. 拍摄

拍摄者对场景构图后，让模特就位，在模特静止的状态下，半按快门进行一次对焦，然后喊：1、2、3——跳，在"跳"字出口的瞬间，模特要起跳，拍摄者则按下快门不放进行连续拍摄。完成后回看照片，查看照片的对焦、取景、姿势及表情是否达到预想，如果效果不佳，可以再重拍，直至满意为止。

模特如同跳动的精灵一般，显得活泼、可爱

日落时拍摄人像的技巧

不少摄影爱好者都喜欢在日落时分拍摄人像，却很少有人能够拍好。日落时分拍摄人像主要会拍成两种效果，一种是人像剪影的画面效果，另一种是人物与天空都曝光合适的画面效果，下面介绍详细拍摄步骤。

1. 选择纯净的拍摄位置

拍摄日落人像照片，应选择空旷无杂物的环境，取景时避免天空或画面中出现杂物，这一点对于拍摄剪影人像效果尤为重要。

2. 使用光圈优先模式，设置小光圈拍摄

将相机的拍摄模式设置为光圈优先模式，并设置光圈值为 F5.6~F10 的中、小光圈值。

4. 设置点测光模式

不管是拍摄剪影人像效果，还是人、景都曝光合适的画面，都是使用点测光模式进行测光。以佳能相机的点测光圈对准夕阳旁边的天空测光（拍摄人、景都曝光合适的，需要在关闭闪光灯的情况下测光），然后按下曝光锁按钮锁定画面曝光。

按下曝光锁定按钮锁定曝光　　选择点测光模式

选择光圈优先模式　　设置光圈值

3. 设置低感光度值

日落时天空中的光线强度足够满足画面曝光需求，因此感光度设置在 ISO100~ISO200 即可，以获得高质量的画面。

针对天空进行测光，将前景的舞者处理成剪影效果，在简洁的天空衬托下舞者非常突出，展现出了其身姿之美

5. 重新构图并拍摄

如果是拍摄人物剪影效果，可以在保持按下曝光锁定按钮的情况下，通过改变焦距或拍摄距离重新构图，并对人物半按快门对焦，对焦成功后按下快门进行拍摄。

6. 对人物补光并拍摄

如果是拍摄人物和景物都曝光合适的画面效果，在测光并按下曝光锁定按钮后，重新构图并打开外置闪光灯，设置为高速同步闪光模式，半按快门对焦，最后完全按下快门进行补光拍摄。

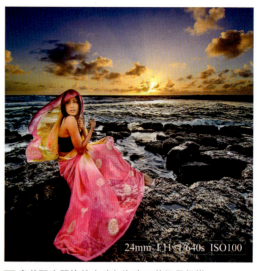

24mm F11 1/640s ISO100

▣ 穿着飘逸服饰的女孩与海边日落场景很搭

> 提示：曝光锁定的详细讲解见本书第8章内容。
> 步骤6中，需要使用支持闪光同步功能的外置闪光灯拍摄，因为对天空测光所得的快门速度必然会高于相机内置闪光灯或普通闪光灯的同步速度。
> 如果购有外置闪光灯柔光罩，则在拍摄时将柔光罩安装上，以柔化闪光效果。

35mm F5.6 1/800s ISO100

▣ 拍摄香车美女场景时以日落时的天空为背景，画面漂亮又大气

夜景人像的拍摄技巧

也许不少摄影初学者在提到夜间人像的拍摄时，首先想到的就是使用闪光灯。没错，夜景人像的确是要使用闪光灯，但也不是仅仅使用闪光灯如此简单，要拍好夜景人像还得掌握一定的技巧。

佳能大光圈定焦镜头

相机安装上外置闪光灯后示例

1. 拍摄器材与注意事项

拍摄夜景人像照片，在器材方面可以按照下面所讲的进行准备。

❶ 镜头。适合使用大光圈定焦镜头拍摄，大光圈镜头的进光量多，在手持拍摄时，比较容易达到安全快门速度。另外，大光圈镜头能够拍出唯美虚化背景效果。

❷ 三脚架。由于快门速度较慢，必需使用三脚架稳定相机拍摄。

外置闪光灯的柔光罩

❸ 快门线或遥控器。建议使用快门线或遥控器进行释放快门拍摄，避免手指按下快门按钮时相机震动而使画面模糊。

❹ 外置闪光灯。能够对画面进行补光拍摄，相比内置闪光灯，可以进行更灵活的布光。

❺ 柔光罩。将柔光罩安装在外置闪光灯上，可以让闪光光线变得柔和，以拍出柔和的人像照片。

❻ 模特服饰方面，应避免穿着深色的服装，不然人物容易与环境融为一体，使画面效果不佳。

虽然使用大光圈将背景虚化，可以很好地突出人物主体，但由于人物穿的是黑色服装，很容易融进暗夜里

200mm F2.8 1/160s ISO100

使用闪光灯拍摄夜景人像时，设置了较低的快门速度，得到的画面背景变亮，看起来更美观

2. 选择适合的拍摄地点

应选择环境较亮的地方，这样拍摄出来的夜景人像中，夜景的氛围会比较明显。

如果拍摄环境光补光的夜景人像照片，则选择有路灯、大型的广告灯箱、商场橱窗等地点，通过靠近这些物体发出的光亮来对模特脸部补光。

3. 选择光圈优先模式并使用大光圈拍摄

将拍摄模式设置为光圈优先模式，并设置光圈值为 F1.2~F4 的大光圈，以虚化背景，这样夜幕下的灯光可以形成唯美的光斑效果。

4. 设置感光度数值

利用环境灯光对模特补光的话，通常需要提高感光度数值，来使画面获得标准曝光和达到安全快门。建议设置在ISO400~ISO1600 之间（高感较好的相机可以适当提高感光度。此数值范围基于手持拍摄，使用三脚架拍摄时可适当降低）。

而如果是拍摄闪光夜景人像，将感光度设置在 ISO100~ISO200 即可，以获得较慢的快门速度（如果测光后得到的快门速度低于 1 秒，则要提高感光度数值了）。

设置感光度值

5. 设置测光模式

如果是拍摄环境光补光的夜景人像，适合使用中央重点平均测光模式，对人脸半按快门进行测光。

如果拍摄闪光夜景人像，则使用评价测光模式，对画面整体进行测光。

选择中央重点平均测光模式　　选择评价测光模式

使用中央重点测光模式对人脸进行测光，人物面部得到准确曝光

6. 设置闪光同步模式

将相机的闪光模式设置为慢速闪光同步类的模式，以使人物与环境都得到合适的曝光（设置为前帘同步或后帘同步模式）。

佳能相机设置快门同步菜单界面

使用前帘同步闪光模式拍摄，运动中的人物前方出现重影，给观者一种后退的错觉

7. 设置闪光控制模式

如果是拍摄闪光夜景人像，则需要在闪光灯控制菜单中，将闪光控制模式设置为 ETTL 选项。

设置闪光模式菜单界面

拍摄夜景人像时，在较高快门速度下使用闪光灯对人物补光后，虽然人物还原正常，但背景却显得比较黑

使用后帘同步闪光模式拍摄，可以使背景模糊而人物清晰，由于运动生成的光线拖尾在实像的后面，看上去更真实自然

8. 设置对焦和对焦区域模式

将对焦模式设置为单次自动对焦模式，自动对焦区域模式设置为单点，在拍摄时使用单个自动对焦点对人物眼睛进行对焦。

9. 设置曝光补偿或闪光补偿

设定好前面的一切参数后，可以试拍一张，然后查看曝光效果，通常是要再进行曝光补偿或闪光补偿操作的。

在拍摄环境光的夜景人像照片时，一般需要再适当增加 0.3~0.5EV 的曝光补偿。在拍摄闪光夜景人像照片时，由于是对画面整体测光的，通常会存在偏亮的情况，因此需要适当减少 0.3~0.5EV 的曝光补偿。

利用路灯和LED小灯珠为模特进行补光

35mm F2 1/50s ISO1000

相机设置曝光补偿的菜单界面

相机设置闪光补偿的菜单界面

> 提示：前帘同步与后帘同步都属于慢速闪光同步的一种。前帘同步是指在相机快门刚开启的瞬间就开始闪光，这样会在主体的前面形成一片虚影，形成人物好像是后退的动感效果。
> 与前帘同步不同的是，使用后帘同步模式拍摄时，相机将先进行整体曝光，直至完成曝光前的一瞬间进行闪光。
> 所以，如果是拍摄静止不动的人像照片，模特必须等曝光完成后才可以移动。

利用公园草地中的地灯照亮模特，拍摄出唯美的夜景人像

50mm F2.8 1/100s ISO1600

趣味创意照

照片除了可以拍得美,还可以拍得有趣,这就要求摄影师对眼前事物有独到的观察能力,以便抓住在生活中出现的也许是转瞬即逝的趣味巧合,还要积极发挥想象力,发掘出更多的创意构图。

具体拍摄时可以利用借位拍摄、改变拍摄方向和视角等手段,去发现、寻找具创意趣味性的构图。

1. 拍摄参数设置

推荐使用光圈优先模式拍摄。光圈设置为 F5.6~F16 的中等光圈或小光圈,以使人物和被错位景物都拍摄清晰。感光度设置为 ISO100~ISO200。

2. 寻找角度

拍摄错位照片,找对角度是很重要的环节。在拍摄前,需要指挥被拍摄者走位,以便与被错位景物融合起来。当被拍摄者走位差不多的时候,由拍摄者来调整位置或角度,这样会更容易达到精确融合。

3. 设置测光模式

如果环境光线均匀,使用评价测光模式即可。如果是拍摄如右图这样的效果,则需要设置为点测光模式。半按快门测光后,注意查看快门速度是否达到安全快门,如未达到,则要更改光圈或感光度值。

4. 设置对焦模式

如果是拍摄小景深效果的照片,对焦模式设置为单次自动对焦模式,自动对焦区域设置为自动选择模式即可。如果是拍摄利用透视关系形成的错位照片,如"手指拎起人物"这样的照片,则将自动对焦区域模式设置为单点,对想要清晰表现的主体进行对焦。

设置自动对焦区域模式　　设置自动对焦模式

5. 拍摄

一切设置完后,半按快门对画面对焦,对焦成功后,按下快门拍摄。

男士单膝跪地,手捧太阳,仿佛要把太阳作为礼物送给女士,逗得女士开心不已,画面十分生动、有趣

在普通场景中拍出"不普通"的人像照片

让画面中的人物不普通

想在右图这种普通的场景下拍出不普通的人像画面,最直接有效的方法就是让模特变得不普通。

方法有很多,比如摆出一个高难度的舞蹈动作。在拍摄时要记得使用高速快门和连拍模式,从而定格下最精彩的瞬间。

或者搭配非日常的、华丽的服装。根据服装的颜色可以选择营造对比还是让画面相对协调。对于长裙类的装扮,还能够利用裙摆增添画面动感。

无论是姿势还是服装,这些不普通的元素都会让人像摄影更动人。

▶ 实拍场景

50mm F3.2 1/640s ISO320

▶ 拍摄效果

让不普通与普通产生对比

为了让模特的不普通更加突出,可以让她们以不普通的姿态做一些普通的事。

因为人的思维是有惯性的,所以当提到读书、喝水、吃面包时,我们脑海中会自然而然地出现这些画面。

那么当一个读书画面或者喝水画面与我们脑海中浮现出的景象差别很大时,这张照片就会吸引我们。

比如以下图的姿势看书,拍出来的效果就会让人感到眼前一亮。

70mm F2.8 1/200s ISO100
拍摄效果

实拍场景

再比如拍摄吃东西的画面。以这个姿势去吃东西时,画面效果就完全不一样了。需要注意的是,摄影师特意将小摊纳入了画面内,就是为了强调这种普通与不普通之间的对比,从而产生一种不可思议的视觉效果。

实拍场景

70mm F4 1/500s ISO200
拍摄效果

用前景让画面不普通

添加前景对于人像摄影来说有很多好处，比如可以营造空间感，可以对杂乱的场景进行一定的遮挡，通过浅景深虚化后还能够为照片营造朦胧感。

因为前景离镜头会比较近，所以在寻找前景的时候可以把注意力放在细微的景物上面。

比如公园路边的草丛，靠近其中的几株进行拍摄，并注意不要让其过多的遮挡住主体。其实通过前景少量的遮挡主体对画面美感是有好处的，这回让照片更自然，随性。

只要你离前景足够近，就可以拍出虚化效果，让画面更唯美。

▣ 实拍场景

35mm F3.2 1/160s ISO100

▣ 前景草丛的加入，让画面更有层次感

按照相同的思路，花卉也可以作为前景。在不同的花卉后面尝试更多的拍摄角度，选择最佳的前景效果：

当近距离的前景占据画面较大比例时，就营造出了一种朦胧美。对于下面这张照片而言，还有一个值得注意的细节：

虽然前景被虚化了，但其实摄影师并没有使用大光圈。反而是利用小一些的光圈，让背景比较清晰，然后利用超近的拍摄距离让前景虚化，从而让背景与前景具有一定的区分度。

▣ 实拍场景

50mm F2.8 1/320s ISO200

▣ 以梅红色花朵为前景并设置大光圈值将其虚化，拍摄出来的画面效果更加唯美

通过非常规角度让画面不普通

你是否总是站着或者蹲着拍摄？如果哪天趴下来拍摄或者通过无人机在高空拍摄，你会发现那些"普通"的场景似乎都变得不普通了。

这就是改变常规视角对营造画面陌生感的重要性。

所以在拍摄时，多选择几个角度，尤其是之前没有尝试过的，也许会有意外惊喜。

非常规的角度带来了陌生感很强的局部人像画面。因为在临近傍晚时拍摄，所以使用大光圈后，背景出现了美丽的光斑；地面和护栏的线条也起到了营造空间感和引导视线的作用。

赶紧拿起相机，带上自己的女友，出门拍些"不普通"的照片吧！

▸ 实拍场景

50mm F2.8 1/100s ISO400

▸ 最终的拍摄画面中背景虚化的光斑增加了画面的唯美感，并且人物没有正面出现在画面中，给人以联想的空间

黑白人像的拍摄技巧

利用黑白突出画面线条感

画面中很多的线条其实都是通过明暗对比来实现的，因此摄影师在将画面处理为黑白时，画面的线条往往也会更突出。

比如右图中通过明暗对比所表现的建筑线条结构，在拍摄时，可能明暗对比不够强烈，所以线条感也不会很突出，这时利用后期来增加对比度或者调一下高光以及阴影的数值，来增强画面的明暗对比，从而突出线条感。

黑白画面没有色彩的干扰，因而更凸显了画面的线条感

利用黑白营造极简风格

利用黑白来营造极简风格，其实有两个优点，第一个优点是黑白摄影它本身没有色彩，所以画面肯定要比彩色照片更简洁。

第二个优点是拍摄一张黑白照片时，可以通过后期或者在光线足够强烈的情况下，让画面形成亮部和暗部，在让亮部或暗部的细节完全消失的情况下，就起到了一个简化画面的作用。所以像右图这张照片，背景的暗部已经被完全处理成了纯黑色，从而营造出了一种极简的氛围。

人物在黑色的背景下非常突出

还有右下图更为极端，它将画面直接分成两部分，一个是纯白，一个是纯黑，这样画面中的细节会更少，极简风格会更加突出。在拍摄这种效果的画面时，前期很难找到能产生这么强烈明暗对比的场景，往往都是通过后期进行亮度和暗部的调节，甚至利用抠图，直接填充白色或者黑色这种比较大幅度的后期处理。

人物在画面中虽然占比例比较小，却同样突出

利用逆光拍摄唯美人像

逆光勾勒出的人像轮廓

在用逆光拍摄人像时,最主要的一个效果就是会将人物的轮廓勾勒出亮线条,而亮线条的主要作用是可以将人物与背景相分离,比如右图所展现的效果,在背景比较暗的情况下,亮线条所产生的分离主体背景和美化画面的作用,都展现得淋漓尽致,让人物在画面中更加光鲜、亮丽。

在人物背后打光,形成逆光效果,在暗背景的衬托下,人物的轮廓感非常明显

逆光形成的温馨氛围

由于在拍摄逆光人像时,往往会选择在清晨和日落时间进行拍摄,一是因为此时的光线角度比较低,二是因为此时光线的强度比较弱,所以在添加反光板对人物补光或通过后期处理后,可以让较亮的背景和人物都同时具有细节。

因为最佳拍摄时间段是清晨和日落时分,所以画面往往会呈现出暖色调,利用暖色调可以营造一种温馨的氛围,为了让画面的暖色调更突出,可以选择将太阳纳入到画面中,并且拍出光芒万丈的感觉,比如右图这种效果,太阳的光芒其实对画面中男士的脸部有一定影响的,但是这种影响恰恰是画面中想要营造出的温馨、惬意的氛围。

太阳的光晕效果让画面更显唯美与温馨

利用色彩润色人像摄影

通过和谐色让画面更简洁

当画面中的色彩以和谐色为主时，会给观者一种更简洁的视觉感受。

想达到通过和谐色让画面更简洁的目的时，除了可以通过景物本身的色彩来形成和谐色之外，还可以利用调节白平衡的方式，来让画面的色彩呈现统一的色调。

比如右图，陪体有一部分是发蓝光的，所以适当地降低色温数值，从而让画面整体都呈现一种幽蓝的色调，同样可以达到画面色调很统一，并且比较简洁的效果。

整体发蓝的色调让画面有和谐、统一的感觉

利用对比色让人像画面更具视觉冲击力

当利用色彩去营造视觉冲击力时，往往需要大面积的色彩冲突来营造出冲击力，而不是通过画面中的一个点光源或者局域光来突出人物。因而摄影师要寻找拍摄场景中的对比色彩，通过大面积色彩的对比，来让画面产生一种分割感，进而让观者有一种更具冲击力的视觉感受。

除了利用场景中本身的色彩冲突，还可以利用不同颜色的光线来营造色彩上的冲突。比如下图通过蓝色的灯光和红色的灯光，为画面营造了两个不同的色彩区域，这两个色彩区域就形成了一种鲜明的色彩对比，从而让画面更有张力、有力量感。

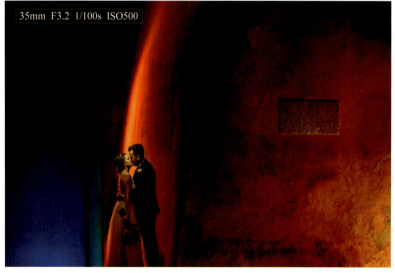

被红色光线染色的大面积墙面与小面积的蓝色区域形成色彩对比，而人物站在它们的分界处，突出了主体，视觉感也不错

点构图在人像摄影中的作用

利用点构图让人物融入环境

当将人物以点的形式在画面中进行表现时,环境就会占据画面的大部分,这时人与环境的关系就会更加突出,人物也可以更好地融入环境中。在拍摄时需要注意,不要让环境过于杂乱,因为过于杂乱的环境很容易弱化了画面中的人物。

将人物安排在简洁的草地中间,既融入了环境,也让人物在画面中凸显出来

85mm F3.5 1/80s ISO100

利用点构图拍摄更大气的人像画面

这个作用其实很好理解,因为当人物以点的形式出现在画面中时,其实这种人像照片更偏向于风光片,因为画面中绝大部分都是风光,因此拍摄的风光只要足够大气、足够有气势,拍摄时只需要让人物在其中能够凸显出来,人像照片就会看起来更加大气、有气势。

比如右图这张照片,是拍摄山岳人像时常用的一种手法了。在拍这种险峻的山峰时,让人物出现在画面的黄金分割点位置进行突出,从而让照片看上去有一种大气、刺激的画面效果。

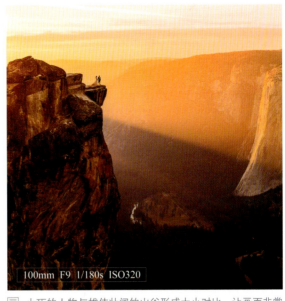

100mm F9 1/180s ISO320

小巧的人物与雄伟壮阔的山谷形成大小对比,让画面非常大气

拍摄人物的局部

表现人物局部美

如果一个人物的整体造型平淡无奇，但是某个局部却具有强烈的美感，那么这个时候就适合对局部进行拍摄。比如右面这张照片，如果拍摄整体的话，虽然可能也具有一定的美感，但是那种面纱所投下的阴影效果，势必会被削弱，所以本着将画面中最美部分突出的原则，就对头纱所投下的阴影部分进行局部拍摄。

85mm F3.2 1/250s ISO100

以特写景别表现人脸及脖颈上被阳光投射上的面纱图案，画面非常迷人

通过局部拍摄突出画面重点

在进行人像摄影时，有时人物身体的局部，或者身体上的某个事物，具有其独特的内涵与韵味，这种情况下建议大家通过局部拍摄的方法，将具有特点的部分突出表达出来。比如下图就是突出表现了一只拿着花束的手，而手上有一只猫的文身，文身是一种带有独特意味和含义的事物，所以当突出表达时，画面就有了思想。

135mm F2.8 1/160s ISO100

相对简洁的背景衬托出了拿着花束的手

拍摄儿童

对于儿童来说，适合进行拍摄的状态有可能稍纵即逝，摄影师必须提高单位时间内的拍摄效率，才可能从大量照片中选择优秀的照片。

因此，拍摄儿童最重要的原则是拍摄动作快、拍摄数量多、构图变化多样。

1. 拍摄注意事项

如果拍摄的是婴儿，应选择在室内光线充足的区域拍摄，如窗户前。如果室内光线偏暗，可以打开照明灯补光，切不可开启闪光灯拍摄，这样容易对孩子的眼睛造成伤害。

如果拍摄大一点的儿童，则拍摄地点为室内外均可。在室外拍摄时，适合使用顺光或在散射光下拍摄。

2. 善用道具与玩具

道具可以增加画面的情节，并营造出生动、活泼的气氛。道具可以是一束鲜花，也可以是篮子、吉他、帽子等。

另一类常用道具就是玩具。当儿童看见自己感兴趣的玩具时，自然会流露出好玩的天性，在这种状态下，拍摄的效果要比摆拍的效果自然、生动。

3. 拍摄角度

以孩子齐眉高度平视拍摄为佳，这样拍摄出来的画面比较真实、自然。不建议使用俯视的角度拍摄，这样拍摄出来的画面中儿童会显得很矮，并且容易出现头大脚小的变形效果。

靠近窗户拍摄，利用自然光对儿童补光

以平视角度拍摄儿童，得到了自然的画面

4. 拍摄参数设置

推荐使用光圈优先模式，光圈可以根据拍摄意图灵活设置，参考范围为F2.8~F5.6，感光度设置为ISO100~ISO200。

需要注意的是，设置曝光参数时要观察快门速度值，如果是拍摄相对安静的儿童，快门速度应保持在1/200s左右；如果是拍摄运动幅度较大的儿童，快门速度应保持在1/500s或以上。如果快门速度达不到，则要调整光圈或感光度值。

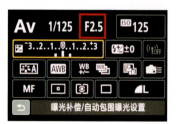
设置光圈值

5. 设置对焦模式

儿童动静不定，因此适合将对焦模式设置为人工智能自动对焦（AI FOCUS）。

6. 设置驱动模式

儿童的动作与表现变化莫测，除了快门速度要保持较高的数值外，还需要将驱动模式设置为连拍模式，以便随时抓拍。

设置连拍模式

7. 设置测光模式

推荐使用中央重点平均测光模式，半按快门对儿童脸部进行测光。确认曝光参数合适后按下曝光锁定按钮锁定曝光，然后只要在光线、画面明暗对比没有非常大的变化下，保持按住曝光锁定按钮的状态，就可以以同一组曝光参数拍摄多张照片。

设置自动对焦模式

8. 设置曝光补偿

在拍摄时，可以在正常的测光数值的基础上，适当增加0.3~1挡的曝光补偿。这样拍摄出的画面显得更亮、更通透，儿童的皮肤也会更加粉嫩、细腻、白皙。

利用玩具不仅可以吸引孩子的注意力，还可以用来美化画面

85mm F2.8 1/400s ISO100

设置曝光补偿

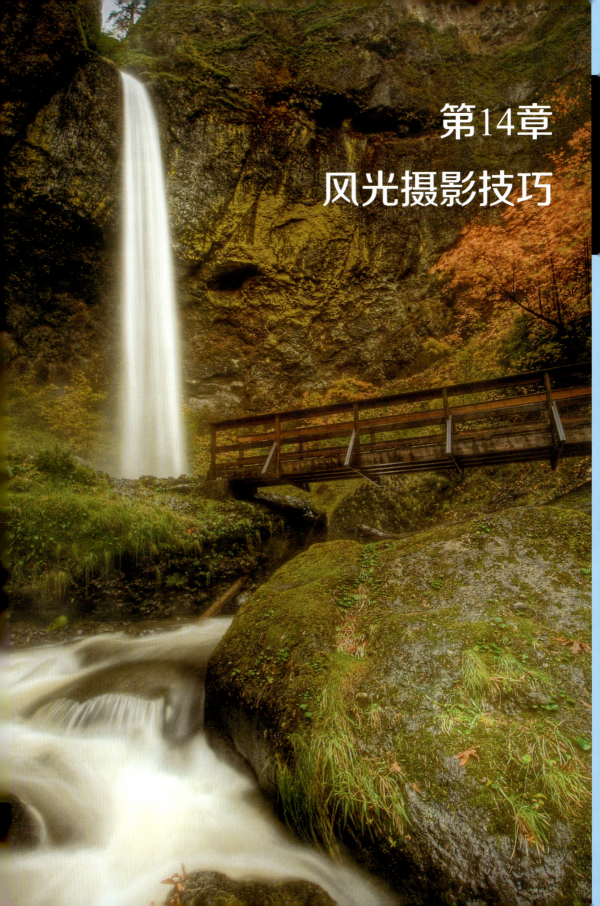

第14章
风光摄影技巧

山景的拍摄技巧

逆光表现漂亮的山体轮廓线

逆光拍摄景物时，画面会形成很强烈的明暗对比，此时若以天空为曝光依据的话，可以将山处理成剪影的形式。下面讲解一下详细拍摄步骤。

1. 构图和拍摄时机

既然是表现山体轮廓线，那在取景时就要注意选择比较有线条感的山体。通常山景的最佳拍摄时间是日出日落前后，在构图时可以取天空的彩霞来美化画面。

需要注意的是，应避免在画面中纳入太阳，这样做的原因一是太阳周围光线太强，高光区域容易曝光过度，二是太阳如果占有比例过大，会抢走主体的风采。

2. 拍摄器材

适合使用广角镜头或长焦镜头拍摄，在使用长焦镜头拍摄时，需要使用三脚架或独脚架增强拍摄的稳定性。由于是逆光拍摄，因此镜头上最好安装遮光罩，以防止出现眩光。

3. 设置拍摄参数

设置拍摄模式为光圈优先模式，光圈值设置为F8~F16，感光度设置为ISO100~ISO400，以保证画面的高质量。

▤ 以剪影的形式表现云雾缭绕的山峦，浓淡的渐变加深了画面的空间感

▤ 选择光圈优先模式　　▤ 设置光圈值

80mm F10 4s ISO200

4. 设置对焦与测光模式

将对焦模式设置为单次自动对焦模式，自动对焦区域模式设置为单点。测光模式设置为点测光模式，然后将相机的点测光圈（即取景器的中央），对准天空较亮的区域半按快门进行测光，确定所测得的曝光组合参数合适后，然后按下曝光锁定按钮锁定曝光。

🗐 设置点测光模式

5. 对焦及拍摄

保持按下曝光锁定按钮的状态，使相机的对焦点对准山体与天空的连接处，半按快门进行对焦，对焦成功后，按下快门进行拍摄。

🗐 设置单次自动对焦模式

提示：在拍摄时使用侧逆光拍摄，不但可以拍出山体的轮廓线，而且画面会更有明暗层次感。

利用前景让山景画面活起来

在拍摄各类山川风光时，总是会遇到这样的问题：单纯地拍摄山体总感觉有些单调。这时候，如果能在画面中安排前景，配以其他景物如动物、树木等作陪衬，不但可以使画面显得富有立体感和层次感，而且可以营造出不同的画面气氛，大大增强了山川风光作品的表现力。

如果有野生动物的陪衬，山峰会显得更加幽静、安逸，具有活力感，同时也增加了画面的趣味等；如果在山峰的上端适当留出空间，使它在蓝天白云的映衬之下，给人带来更深刻的感受。

🗐 利用大片的花海作为前景，衬托远方巍峨的雪山，一方面可以突出山峦的雄伟，另一方面可以使画面层次更丰富

妙用光线获得金山银山效果

当日出的阳光照射在雪山上时，暖色的阳光使雪山形成了金光闪闪的效果，便是日照金山，而白天的太阳照射在雪山上，便是日照银山的效果，拍摄日照金山与日照银山的不同之处在于拍摄的时间段不同。除了掌握最佳拍摄时间段外，还需要注意一些曝光方面的技巧，才能从容地拍好日照金山和日照银山，下面详细讲解下拍摄流程。

EF 16-35mm F2.8L II USM

1. 拍摄时机

拍摄对象必须是雪山，要选择在天气晴朗并且没有大量云雾笼罩情况下拍摄。如果是拍摄日照金山的效果，应该在日出时分进行拍摄；如果是拍摄日照银山的效果，应该选择在上午或下午的时候进行拍摄。

EF 70-200mm F2.8L II USM

2. 拍摄器材

适合使用广角镜头或长焦镜头拍摄。广角镜头可以拍出群山的壮丽感，而长焦镜头可以拍出山峰的特写。此外，还需要三脚架，以增强拍摄时的稳定性。

三脚架

太阳照射在山顶上形成日照金山效果，画面看起来非常神圣

200mm F8 1/400s ISO400

3. 设置拍摄参数

拍摄模式适合设置为 M 手动模式，光圈适合设置在 F8~F16 之间，感光度设置在 ISO100~ISO400 之间。存储格式设置为 RAW 格式，以便后期进行优化处理。

需要注意的是，如果驱动模式设置为单拍，那么包围曝光的三张照片需要按下三次快门完成拍摄；如果设置为连拍，则按住快门不放，连续拍摄三张照片即可。

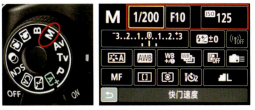

▤ 选择光圈优先模式　　▤ 设置曝光参数

▤ 通过速控屏幕设置包围曝光功能，如图中所示的是 ±1EV 的包围曝光

4. 设置包围曝光功能

雪山呈现出日照金山效果的时间非常短，为了抓紧时间拍摄，可以开启相机的包围曝光功能。这样可以提高曝光成功率，从而把微调参数的时间省出来拍摄其他构图或其他角度的照片。

▤ 仰视拍摄被夕阳染上金色的山体，以蓝天为背景使画面更简洁，而三角形构图则使金山看起来更有稳定感

200mm F13 1/320s ISO320

5. 设置对焦模式

将对焦模式设置为单次自动对焦模式，自动对焦区域模式设置为单点。

6. 设置测光模式

如果是拍摄日出金山效果，测光模式适合设置为点测光，然后以相机的点测光圈对准雪山较亮区域半按快门进行测光。

如果是拍摄日照银山效果，则应设置为评价测光，测光后要注意查看游标的位置，是否处于所需的曝光区域。

> 提示：测光后注意观察取景器中的曝光游标是否处于标准或所需曝光的位置处，如果游标不在目标位置处，则要通过改变快门速度、光圈及感光度数值来调整。一般情况下，优先改变快门速度的数值。

设置测光模式　　　　查看曝光指示

7. 曝光补偿

为了加强拍出的金色效果，可以减少曝光量。在测光时，通过调整快门速度、光圈或感光度数值，使游标向负值方向偏移0.5~1EV即可。

而在拍摄日照银山时，则需要向正的方向做0.7~2EV曝光补偿量，这样拍出的照片才能还原银色雪山的本色。

> 提示：如果使用了包围曝光功能拍摄，相当于已经做过曝光补偿的操作了，一般不用特意再调整曝光补偿。不过为了有更多选择，也可以在曝光补偿的基础上，再配合使用包围曝光功能。

8. 拍摄

一切参数设置妥当后，使对焦点对准山体，半按快门进行对焦，然后按下快门拍摄。

> 提示：在使用M挡拍摄时，只要测光后的曝光参数调整到所需的曝光标准后，后面在拍摄时如果因为微调构图而使取景器中的曝光指示游标的位置有所变化，可以不必理会，直接完成拍摄即可。

35mm F8 1/500s ISO100

在侧光下，明暗对比强烈，表现出了山体的立体感

水景的拍摄技巧

利用前景增强水面的纵深感

在拍摄水景时,如果没有参照物,不太容易体现水面的空间纵深感。因此,在取景时,应该注意在画面的近景处安排树木、礁石、桥梁或小舟,这样不仅能够避免画面单调,还能够通过近大远小的透视对比效果表现出水面的开阔感与纵深感。

在拍摄时,应该使用镜头的广角端,这样能使前景处的线条被夸张化,以增强画面的透视感、空间感。

20mm F7.1 30s ISO100

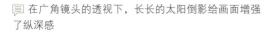

在广角镜头的透视下,长长的太阳倒影给画面增强了纵深感

24mm F10 1s ISO200

前景中纵向的岩石不仅丰富了单调的海景,还增加了画面的空间感

利用低速快门拍出丝滑的水流

使用低速快门拍摄水流，是水景摄影的常用技巧。不同的低速快门能够使水面表现出不同的美景，中等时间长度的快门速度能够使水流呈现丝般的水流效果，如果时间更长一些，就能够使水面产生雾化的效果，为水面赋予特殊的视觉魅力。下面讲解一下详细的拍摄步骤。

> 提示：如果在拍摄前忘了携带三脚架和快门线，或者是临时起意拍摄低速水流，则可以在拍摄地点周围寻找可供相机固定的物体，如岩石、平整的地面等，将相机放置在这类物体上，然后将驱动模式设置为"2秒自拍"模式，以减少相机抖动。

1. 使用三脚架和快门线拍摄

丝滑水面是低速摄影题材，手持相机拍摄的话，非常容易使画面模糊，因此，三脚架是必备的器材，并且最好使用快门线来避免直接按下快门按钮时产生的震动。

2. 拍摄参数的设置

推荐使用快门优先曝光模式，以便于设置快门速度。快门速度可以根据拍摄的水景和效果来设置，如果是拍摄海面，需要设置到1/20s或更慢，如果是拍摄瀑布或溪水，快门速度设置到1/5s或更慢。快门速度设置到1.5s或更慢，则会将水流拍摄成雾化效果。

感光度设置为相机支持的最低感光度值（ISO100或ISO50），以降低镜头的进光量。

利用中灰镜减少进光量，使瀑布呈现出丝绸般的顺滑效果

20mm F16 2s ISO50

▣ 选择快门优先模式　　▣ 设置快门速度

3. 使用中灰镜减少进光量

如果已经设置了相机的极限参数组合，画面仍然曝光过度，则需要在镜头前加装中灰镜来减少进光量。

先根据测光所得出的快门速度值，计算出和目标快门速度值相差几倍，然后选择相对应的中灰镜安装到镜头上即可。

▣ 肯高ND4中灰镜(77mm)

4. 设置对焦和测光模式

将对焦模式设置为单次自动对焦模式，自动对焦区域模式设置为自动选择模式。测光模式设置为评价测光模式。

▣ 设置自动对焦模式　　▣ 设置测光模式

5. 拍摄

半按快门按钮对画面进行测光和对焦，在确认得出的曝光参数能获得标准曝光后，完全按下快门按钮进行拍摄。

▣ 使用小光圈结合较低的快门速度，将流动的海水拍摄出了丝线般效果，摄影师采用高水平线构图，重点突出水流的动感美

▣ 在低速快门的作用下，向下流动的水呈现出线条感，画面相比高速拍摄的画面来说效果更为震撼

波光粼粼的金色水面拍摄技巧

波光粼粼的金色水面是经常被拍摄的水景画面，被阳光照射到的水面，非常耀眼。拍摄此类场景的技巧很简单：❶日出日落时拍摄；❷逆光；❸使用小光圈；❹恰当的白平衡设置。

1. 拍摄时机

表现波光粼粼的金色水面要求光线位置较低，并且需要采用逆光拍摄，通常在清晨太阳升出地平线后或者傍晚太阳即将下山时拍摄才能达到良好的效果。

2. 构图

既然水面是主体，那么适合使用高水平线的构图形式，以凸显水面波光粼粼的效果。如果以俯视角度拍摄，可以获得大面积的水面波光画面；如果是使用平视角度拍摄，则会获得长长的水面波光条，这样可以增强画面的纵深感。另外，在构图时可以适当纳入前景或水上景物，如船只、水鸟、人物等，并将他们处理为剪影的形式，来增强画面的明暗对比。

3. 拍摄参数设置

将拍摄模式设置为光圈优先模式，并将光圈值设置在 F8~F16 之间，使用小光圈拍摄，能够使水面形成星芒，从而增强波光粼粼的效果。感光度设置在 ISO100~ISO400。

设置光圈值

逆光拍摄时，阳光洒在水面上，形成长长的波光条，使得画面非常有纵深感

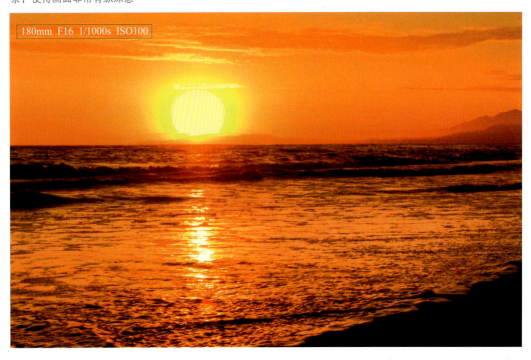

180mm F16 1/1000s ISO100

4. 设置白平衡模式

为了强调画面的金色效果，可以将白平衡模式设置为阴天或阴影模式；也可以手动选择色温值到 6500K~8500K 之间。

💬 设置白平衡模式

5. 设置曝光补偿

如果波光在画面中的面积较小，要适当减少 0.3~0.7EV 的曝光补偿；如果波光在画面中的面积较大，要适当增加 0.3~0.7EV 的曝光补偿，以弥补反光过高对曝光数值的影响。

6. 设置测光模式

将测光模式设置为点测光模式，以相机的点测光圈对准水面反光的边缘处半按快门进行测光，确定得出的曝光数值无误后，按下曝光锁定按钮锁定曝光。

💬 设置测光模式

7. 拍摄

保持按下曝光锁定按钮的状态，半按快门对画面进行对焦，对焦成功后，按下快门进行拍摄。

💬 增加曝光补偿后画面中波纹的效果更加明显，金色的波纹和船只将日落黄昏静谧气氛表现得很好，而降低拍摄角度后纳入天空的飞鸟则打破了这种宁静，为画面增添了生机

200mm F8 1/2000s ISO100

雪景的拍摄技巧

增加曝光补偿以获得正常的曝光

雪景是摄影爱好者常拍的风光题材之一，但大部分初学者在拍摄雪景后，发现自己拍的雪景不够白，画面灰蒙蒙的，其实只要掌握曝光补偿的技巧即可还原雪景的洁白。

1. 如何设置曝光参数

适合使用光圈优先模式拍摄，如果想拍摄大场景的雪景照片，可以将光圈值设置在F8~F16之间；如果是拍摄浅景深的特写雪景照片，可以将光圈值设置在F2~F5.6之间。光线充足的情况下，感光度设置在ISO100~ISO200即可。

2. 设置测光模式

将测光模式设置为评价测光，针对画面整体测光。

3. 设置曝光补偿

在保证不会曝光过度的同时，可根据白雪在画面中所占的比例，适度增加0.7EV~2EV曝光补偿，以如实地还原白雪的明度。

▶ 选择光圈优先模式

▶ 设置光圈值

▶ 设置测光模式

▶ 设置曝光补偿

18mm F10 1/400s ISO100

▶ 通过增加曝光补偿的方式，在不过曝的情况下如实地还原白雪的明度，画面使人感觉清新、自然

用飞舞的雪花渲染意境

在下雪的天气时进行拍摄，无数的雪花纷纷飘落，将其纳入画面中可以增加画面的生动感。在拍摄这类的雪景照片时，要注意快门速度的设置。

1. 拍前注意事项

拍摄下雪时的场景，首要注意事项就是保护好相机的镜头，不要被雪花打湿而损坏。在拍摄时，可以在镜头上安装遮光罩，以挡住雪花，使其不落在镜面上，然后相机和镜头可以用防寒罩保护起来，如果没有，最简单的方法就是用塑料袋套上。

2. 设置拍摄参数

设置拍摄模式为快门优先模式，根据想要的拍摄效果来设置快门速度。如果将快门速度设置为1/15s~1/40s，可以使飘落的雪花以线条的形式在画面中出现，从而增加画面生动感；如果将快门速度设置在1/60s~1/250s之间，则可以将雪花呈现为短线条或凝固在画面中，这样可以体现出大雪纷飞的氛围。感光度根据测光来自由设置，在能获得满意光圈的前提下，数值越低越好，以保证画面质量。

设置拍摄模式

设置快门速度

> 提示：在快门优先模式下，半按快门对画面测光后，要注意查看光圈值是否理想。如果光圈过大或过小则不符合当前拍摄需求，需要通过改变感光度数值来保持平衡。

白茫茫的飘雪为画面蒙上了一层朦胧缥缈的意境

35mm F11 1/125s ISO400

3. 使用三脚架

在使用低速快门拍摄雪景时，手持拍摄时画面容易模糊，因此需要将相机安装在三脚架上，并配合快门线拍摄，以获得清晰的画面。

4. 设置测光和对焦模式

设置测光模式为评价测光，对画面整体进行测光；对焦模式设置为单次自动对焦模式；自动对焦区域模式设置为单点或自动选择模式。

5. 构图

在取景构图时，注意选择能衬托白雪的暗色或鲜艳色彩的景物，如果画面中都是浅色的景物，则雪花效果不明显。

6. 设置曝光补偿

根据雪景在画面中的占有比例，适当增加 0.5~2EV 的曝光补偿，以还原雪的洁白。

7. 拍摄

使用单点对焦区域模式时，将单个自动对焦点对准主体，半按快门进行对焦；用自动选择区域模式时，半按快门进行对焦，听到对焦提示音后，按下快门按钮完成拍摄。

▣ 在较高的快门速度下，雪花被定格在空中。摄影师选择以红墙为背景衬托雪花，给人以惊艳之美

▣ 灰暗的水景画面因为有了飘落的雪和几只飞鸟，画面立即变得有意境感

太阳的拍摄技巧

拍摄霞光万丈的美景

日落时,天空中霞光万丈的景象非常美丽,是摄影师常表现的景象。在拍摄这种场景时需要注意以下几个要点。

1. 最佳拍摄时机

雨后天晴或云彩较多的傍晚,容易出现这种霞光万丈的景象,因此注意提前观察天气。

2. 设置小光圈拍摄

使用光圈优先模式,设置光圈值在 F8~F16 之间。

3. 适当降低曝光补偿

为了更好地记录透过云层穿射而出的光线,可以适当设置 -0.3EV~-0.7EV 的曝光补偿。

4. 取景构图

在构图时可以适当纳入简洁的地面景物,以衬托天空中的光线,使画面更为丰富。

5. 使用点测光对云彩测光

设置点测光模式,然后以相机上的点测光圈对准天空中的云彩测光。测光完成后按下曝光锁定按钮锁定曝光。

6. 微调构图并拍摄

保持按下曝光锁定按钮状态的情况下,微调构图,半按快门对景物对焦,然后按下快门完成拍摄。

96mm F10 1/1000s ISO100

阳光透过云彩形成了霞光万丈的景色,金色云层仿佛有种神奇的魅力

针对亮部测光拍摄出剪影效果

在逆光条件下拍摄日出、日落景象时，考虑到场景光比较大，而感光元件的宽容度无法兼顾到景象中最亮、最暗部分的还原，摄影师大多选择将背景中的天空还原，而将前景处的景象处理成剪影状，增加画面美感的同时，还可营造画面气氛，那么该如何拍出漂亮的剪影效果呢？下面讲解一下详细的拍摄步骤。

1. 寻找最佳拍摄地点

拍摄地点最好是开阔一点的场地，如海边、湖边、山顶等。作为目标剪影呈现的景物，不可以过多，而且要轮廓清晰，避免选择大量重叠的景物。

4. 设置照片风格及白平衡

如果是以 JPEG 格式存储照片，那么需要设置照片风格和白平衡。为了获得最佳的色彩氛围，可以将照片风格设置为"风景"模式，白平衡模式设置为"阴影"模式或手动调整色温数值为 6000k~8500k。如果是以 RAW 格式存储照片，则都设置为自动模式即可。

5. 设置曝光补偿

为了获得更加纯黑的剪影，以及让画面色彩更加浓郁，可以适当设置 -0.3EV~-0.7EV 的曝光补偿。

景物选择不恰当，导致剪影效果不佳

2. 设置小光圈拍摄

将相机的拍摄模式设置为光圈优先模式，设置光圈值在 F8~F16 之间。

3. 设置低感光度数值

日落时的光线很强，因此设置感光度数值为 ISO100~ISO200 即可。

18mm F10 1/800s ISO100

以水面为前景拍摄，使得绚丽的天空和湖面倒影占了大部分画面，而小小的人物及岸边景物呈现为剪影效果，使得画面有了点睛之笔

6. 使用点测光模式测光

将相机的测光模式设置为点测光模式,然后以相机上的点测光圈,对准夕阳旁边的天空半按快门测光,得出曝光数据后,按下曝光锁定按钮锁住曝光。

需要注意的是,切不可对准太阳测光,否则画面会太暗,也不可对着剪影的目标景物测光,否则画面会太亮。

7. 重新构图并拍摄

在保持按下曝光锁定按钮状态的情况下,通过改变焦距或拍摄距离重新构图,并对景物半按快门对焦,对焦成功后按下快门进行拍摄。

测光时太靠近太阳,导致画面整体过暗

对着建筑测光,导致画面中的天空过亮

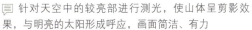

针对天空中的较亮部进行测光,使山体呈剪影效果,与明亮的太阳形成呼应,画面简洁、有力

200mm F8 1/1000s ISO100

拍出太阳的星芒效果

为了表现太阳耀眼的效果，烘托画面的气氛，增加画面的感染力，可以拍出太阳的星芒效果。但摄影爱好者在拍摄时，却总是拍不出太阳的星芒，如何才能拍好呢？接下来详细讲解拍摄步骤和要点。

1. 选择拍摄时机

要想把太阳的光芒拍出星芒效果，选择拍摄时机是很重要的。如果是日出时拍摄，应该等太阳跳出地平线一段时间后，而如果是日落时拍摄，则应选择太阳离地平线还有些距离时拍摄。太阳在靠近地平线且呈现为圆形状态时，是很难拍出其星芒的。

2. 选择广角镜头拍摄

要想拍出太阳星芒的效果，就需要让太阳在画面中比例小一些，越接近点状，星芒的效果就越容易出来。所以，适合使用广角或中焦镜头拍摄。

3. 构图

在构图时，可以适当地利用各种景物，如山峰、树枝遮挡太阳，使星芒效果呈现得更好。

4. 拍摄方式

由于在拍摄时，太阳还处于较亮的状态，为了避免在拍摄时太阳光对眼睛的刺激，推荐使用实时取景拍摄模式进行取景和拍摄。

佳能80D相机是将实时显示拍摄/短片拍摄开关转至 ◻ 位置，然后按下 START/STOP 按钮，即可切换至实时显示拍摄模式

35mm F16 1/250s ISO160

星芒状的太阳将海景点缀得很新颖，拍摄时除了需要设置较小的光圈，还应有一个黑色的衬托物，例如画面中的山石

5. 设置曝光参数

将拍摄模式设置为光圈优先模式，设置光圈为 F16~F32，光圈越小，星芒效果越明显。感光度设置在 ISO100~ISO400 之间，以保持高画质。虽然太阳在画面中的比例很小，但也要避免曝光过度，因此适当设置 -0.3EV~-1EV 的曝光补偿。

6. 对画面测光

设置点测光模式，针对太阳周边较亮的区域进行测光。需要注意的是，由于光圈设置得较小，如果测光后得到的快门速度低于安全快门，则要重新调整光圈或感光度值，确认曝光参数合适后按下曝光锁定按钮锁定曝光。

7. 重新构图并拍摄

在保持按下曝光锁定按钮的情况下，微调构图，并对景物半按快门对焦，对焦成功后按下快门进行拍摄。

> 提示：设置光圈时不用考虑镜头的最佳光圈，也不用考虑小光圈下的衍射会影响画质，毕竟是以拍出星芒为最终目的。如果摄影爱好者有星芒镜，则可在镜头前加装星芒镜以获得星芒效果。
> 逆光拍摄时，容易在画面中出现眩光，在镜头前加装遮光罩可以有效地避免眩光。

17mm F22 1/60s ISO100

以小光圈拍摄，加上太阳正好从云彩中露出，因此得到了星芒效果很明显的照片

迷离的雾景

留出大面积空白使云雾更有意境

留白是拍摄雾景画面的常用构图方式，即通过构图使画面的大部分为云雾或天空，而画面的主体，如树、石、人、建筑、山等，仅在画面中占据相对较小的面积。

在构图中，注意所选择的画面主体应该是深色或有相对亮丽一点色彩的景物，此时雾气中的景物虚实相间，拍摄出来的照片很有水墨画的感觉。

在拍摄云海时，这种拍摄手法基本上可以算是必用技法之一，事实证明，的确有很多摄影师利用这种方法拍摄出漂亮的有水墨画效果的作品。

135mm F13 1/25s ISO100

画面中由浅至深、由浓转淡的云雾将树林遮挡得若隐若现、神秘缥缈，表现出唯美的意境，同时增加1挡曝光补偿，使得云雾更为亮白，层次更为丰富

24mm F8 6s ISO200

拍摄山景时，由于雾气比较厚重，在前景中纳入了几棵剪影形式的树木，利用明暗的对比拉开了画面的空间

利用虚实对比表现雾景

拍摄云雾场景时要记住，虽然拍摄的是云雾，但云雾在大多数情况下只是陪体，画面要有明确、显著的主体，这个主体可以是青松、怪石、大树、建筑，只要这个主体的形体轮廓明显、优美即可。

1. 构图

前面说过，画面中要有明显的主体，那么在构图时要用心选择和安排这个主体的比例。若整个画面中云雾占比例太多，而实物纳入得少，就会使画面感觉像是对焦不准；若是整个画面中实物纳入得太多，又显示不出雾天的特点来。

只有虚实对比得当，在这种反差的衬托对比下，画面才显得缥缈、灵秀。

▤ 云雾占比例太大，让人感觉画面不够清晰

▤ 前景处的栅栏占比例太大，画面没有雾景的朦胧美

2. 设置曝光参数

将拍摄模式设置为光圈优先模式，光圈设置在F4~F11之间。如果手持相机拍摄的话，感光度可以适当高点，根据曝光需求可以设置在ISO200~ISO640之间，因为雾天通常光线较弱。

▤ 设置光圈优先模式

▤ 设置光圈

▤ 利用前景中的树木与雾气中的树木形成虚实对比，使雾景画面中呈现出较好的节奏感与视觉空间感

30mm F11 1/60s ISO100

3. 对焦模式

将对焦模式设置为单次自动对焦模式，自动对焦区域模式设置为单点，在拍摄时使用单个自动对焦点对主体进行对焦（即对准树、怪石、建筑），能够提高对焦成功率。

如果相机实在难以自动对焦成功，则切换为手动对焦模式，边看取景器边拧动对焦环，直至景物呈现为清晰状态。

设置单次对焦模式

手动对焦模式标志

4. 测光

将测光模式设置为评价测光模式，对画面半按快门进行测光。测光后注意观察取景器中显示的曝光参数，如果快门速度低于安全快门，则要调整光圈或感光度值（如果将相机安装在三脚架上拍摄，则不用更改）。

5. 曝光补偿

根据白加黑减原则，可以根据云雾在画面中占有的比例，适当增加 0.3~1EV 的曝光补偿，使云雾更显洁白。

6. 拍摄

半按快门对画面进行对焦，对焦成功后完全按下快门按钮完成拍摄。

70mm F2.8 1/400s ISO100

前景处的树很清晰，大面积缭绕的雾气将其他景物遮挡住，呈现出若隐若现的状态，烘托出梦幻迷离的画面意境

花卉的拍摄技巧

利用逆光拍摄展现花瓣的纹理与质感

许多花朵有不同的纹理与质感，在拍摄这些花朵时不妨使用逆光拍摄，使花瓣在画面中表现出一种朦胧的半透明感。

1. 选择合适的拍摄对象

拍摄逆光花朵照片应选择那些花瓣较薄且层数不多的花朵，不宜选择花瓣较厚或花瓣层数较多的花朵，否则透光性会比较差。

2. 拍摄角度和拍摄方式

由于大部分花卉植株较矮，在逆光拍摄时，必然要使用平视或仰视的角度拍摄，才能获得最佳拍摄效果，此时就可以使用相机的实时取景显示模式来构图及拍摄。

3. 设置拍摄参数

将拍摄模式设置为光圈优先模式，光圈值设置为F2.5~F5.6（如果使用微距镜头拍摄，则可以使用稍微小点的光圈值），以虚化背景凸显主体。感光度设置为ISO100~ISO200，以保证画面的高质量。

4. 曝光补偿

为了使花朵的色彩更为明亮，可以适当增加0.3~0.7EV的曝光补偿。

佳能80D相机是将实时显示拍摄/短片拍摄开关转至 ◯ 位置，然后按下 START/STOP 按钮，即可切换至实时显示拍摄模式

带有可旋转液晶显示屏的佳能相机

105mm F3.5 1/500s ISO200

采用逆光拍摄可以很好地表现花瓣的质感和纹理，将背景处理为黑色不仅使得荷花看起来有种半透明的效果，还使画面显得更加简洁

5. 设置对焦和测光模式

将对焦模式设置为单次自动对焦模式,自动对焦区域模式设置为单点,测光模式设置为点测光模式,然后以相机的点测光圈对准花朵上的逆光花瓣半按快门进行测光,确定所测得的曝光组合参数合适后,按下曝光锁定按钮锁定曝光。

6. 对焦及拍摄

保持按下曝光锁定按钮的状态,使相机的对焦点对准花瓣或花蕊,半按快门进行对焦,对焦成功后,完全按下快门按钮进行拍摄。

设置自动对焦模式

设置点测光模式

在逆光下,花瓣的纹理明显,非常有通透感

用露珠衬托出鲜花的娇艳感

在早晨的花园、森林中能够发现无数出现在花瓣、叶尖、叶面、枝条上的露珠,在阳光下显得晶莹闪烁、玲珑可爱。拍摄带有露珠的花朵,能够表现出花朵的娇艳与清新的自然感。

1. 拍摄时机

最佳拍摄时机是在雨后或清晨,这时会有雨滴或露珠遗留在花朵上,如果没有露珠,也可以用小喷壶,对着鲜花喷几下水,人工制造水珠。

2. 拍摄器材

推荐使用微距镜头拍摄,微距镜头能够有效地虚化背景和展现出花卉的细节之美。除此之外,大光圈定焦镜头和长焦镜头也是拍摄花卉不错的选择。

拍摄露珠花卉画面时,一般景深都比较小,因此对拍摄时相机的稳定性要求较高,所以三脚架和快门线也是必备的器材。

3. 构图

拍摄带露珠的花卉时,应该选择稍暗一点的背景,这样拍出的水滴才显得更加晶莹剔透。

4. 拍摄参数设置

将拍摄模式设置为光圈优先模式,光圈值设置为 F2~F5.6(如果使用微距镜头,可以将光圈设置得再小一点)。感光度设置为 ISO100~ISO400,以保证画面的细腻。

60mm F5.6 1/320s ISO200

娇艳的花瓣被晶莹的露珠所包裹,增加曝光补偿后,水珠看起来更加晶莹剔透

5. 对焦模式

将对焦模式设置为单次自动对焦模式，自动对焦区域模式设置为单点模式。

6. 拍摄方式

为了更精确地让摄影师查看对焦、构图等细节情况，推荐使用实时显示模式进行拍摄。

7. 测光

测光模式设置为点测光模式。将相机的点测光圈对准花朵上的露珠半按快门进行测光，得出曝光参数组合后，按下曝光锁定按钮锁定曝光。

8. 对焦及拍摄

在保持按下曝光锁定按钮的状态，使相机的对焦点对准花朵上的露珠，半按快门进行对焦，对焦成功后，完全按下快门按钮进行拍摄。

📄 佳能80D相机是将实时显示拍摄/短片拍摄开关转至 ◻ 位置，然后按下 START/STOP 按钮，即可切换至实时显示拍摄模式

📄 大红色的花朵上布满了水珠，使用微距镜头将花朵局部展现在画面上，花朵在水珠的衬托下，显得更加艳丽

100mm F6.3 1/200s ISO100

第15章

动物摄影技巧

拍摄昆虫的技巧

利用实时显示拍摄模式微距拍摄昆虫

对于昆虫微距摄影而言，是否清晰是评判照片是否成功的标准之一。由于昆虫微距照片的景深都很浅，所以，在进行昆虫微距摄影时，对焦是影响照片成功与否的关键因素。

一个比较好的解决方法是，使用佳能相机的实时显示拍摄模式进行拍摄。在实时显示拍摄状态下，拍摄对象能够通过液晶监视器显示出来，并且按下放大按钮，可将液晶监视器中的图像进行放大，以检查拍摄的照片是否准确合焦。

▤ 将实时显示拍摄/短片拍摄开关转至 ▢ 位置，实时显示图像将会出现在液晶监视器上，此时即可进行实时显示拍摄了

▤ 按下放大按钮后，以5倍的显示倍率显示当前拍摄对象

▤ 再次按下放大按钮后，以10倍的显示倍率显示当前拍摄对象

▤ 拍摄小景深的微距画面时，使用实时显示拍摄模式进行对焦可方便查看是否合焦

100mm F13 1/250s ISO500

逆光或侧逆光表现昆虫

如果要获得明快、细腻的画面效果，可以使用顺光拍摄昆虫，但这样的画面略显平淡。

如果拍摄时使用逆光或侧逆光，则能够通过一圈明亮的轮廓光，勾勒出昆虫的形体。

如果在拍摄蜜蜂、蜻蜓这类有薄薄羽翼的昆虫时，选择逆光或侧逆光的角度拍摄，还可使其羽翼在深色背景的衬托下显得晶莹剔透，让人感觉昆虫更加轻盈，画面显得更精致。

摄影师采用逆光角度拍摄蝴蝶，画面非常清新

突出表现昆虫的复眼

许多昆虫的眼睛都是复眼，即每只眼睛几乎都是由成千上万只六边形的小眼紧密排列组合而成的，如蚂蚁、蜻蜓、蜜蜂均为具有复眼结构的昆虫。在拍摄这种昆虫时，应该将拍摄的重点放在眼睛上，以使观者领略到微距世界中昆虫眼睛的神奇美感。

由于昆虫体积非常小，因此，对眼睛进行对焦的难度很大。为了避免跑焦，可以尝试使用手动对焦的方式，并在拍摄时避免使用大光圈，以免由于景深过小，而导致画面中昆虫的眼睛部分变得模糊。

由于表现昆虫眼睛的画面景深很小，容易产生跑焦的现象，可使用手动对焦避免这种情况。为方便手动对焦，在拍摄时要使用三脚架来固定相机

拍摄鸟类的技巧

采用散点构图拍摄群鸟

表现群鸟时通常使用散点式构图,既可利用广角表现场面的宏大,也可利用长焦截取部分景色,使鸟群充满画面。

如果拍摄时鸟群正在飞行,则最好将曝光模式设置为快门优先,使高速快门在画面中定格清晰的飞鸟。此外,应该采用高速连拍的方式拍摄多张照片,最后从中选取出飞鸟在画面中分散位置恰当、画面疏密有致的精美照片。

◉ 以剪影形式结合散点式构图表现夕阳下的鸟群,高低错落的排列看起来很有艺术气息

采用斜线构图表现动感飞鸟

根据"平行画面静,斜线有动感",在拍摄鸟类时,应采用斜线构图法,使画面体现出鸟儿飞行的运动感。

采用这种构图方式拍摄的照片,画面中或明或暗的对角线能够引导观众的视线随着线条的指向而移动,从而使画面具有较强的运动感和延伸感。

◉ 斜线构图的不稳定性表现了猫头鹰起飞时的动感

采用对称构图拍摄水上的鸟儿

在拍摄水边的鸟类时,倒影是绝对不可以忽视的构图元素,鸟的身体会由于倒影的出现,而呈现一虚一实的对称形态,使画面有了新奇的变化。而水面波纹的晃动,则更使倒影呈现一种油画的纹理,从而使照片更具有观赏性。

1. 拍摄装备

不管是拍摄野生鸟类还是动物园里的鸟类,都必须使用长焦镜头拍摄。拍摄动物园里的鸟类,使用焦距在 200~300mm 的长焦镜头即可;拍摄野生鸟类则要使用如 300mm、400mm、500mm、600mm 等长焦镜头。

除了镜头外,还需要三脚架和快门线,以保证相机在拍摄时的稳定性。

2. 取景

拍摄对称式构图,拍摄对象选择正在休息或动作幅度不大的水鸟为佳。构图时要把鸟儿的倒影完全纳入,最佳方式是实体与倒影各占画面的一半,如果倒影残缺不全,则会影响画面的美感。

除了拍摄单只鸟儿形成的对称式画面,也可以拍摄多只鸟儿的倒影,使画面不仅有对称美,还有韵律美。此外,如果条件允许,还可以在前景处纳入绿植,并将其虚化,使画面更自然。

3. 拍摄参数设置

拍摄此类场景时,由于主体的动作幅度不大,因此可以使用光圈优先模式,光圈设置在 F2.8~F8 之间,感光度设置在 ISO100~ISO500。

4. 设置对焦和对焦区域模式

将对焦模式设置为单次自动对焦模式,自动对焦区域设置为自动选择模式即可。如果是拍摄下图这样有前景虚化的效果,为了确保主体对焦准确,可以将自动对焦模式设置为单点。

200mm F3.5 1/1000s ISO200

将天鹅放置在画面中心,使观者视线集中在天鹅身上,而对称构图则很好地表现了湖水的平静,画面给人一种幽静之美感

5. 测光模式

在光线比较均匀的情况下拍摄时，可以将测光模式设置为评价测光对画面整体测光。

而在光线明暗对比较大的情况下拍摄时，可以将测光模式设置为点测光模式，根据拍摄意图对鸟儿身体或环境进行测光。

> 提示：半按快门对画面测光后，要查看取景器中显示的曝光参数，注意快门速度是否达到拍摄鸟儿的标准。即使在拍摄此类场景时，鸟儿的动作幅度通常不大，但也最好确保快门速度能够达到1/400s或以上。另外，还要注意是否提示曝光过度或曝光不足。

▣ 摄影师别出心裁地用剪影的形式来表现对称之美，拍摄这样的场景时，需注意水面要平静无波纹

6. 对焦及拍摄

设定一切参数和调整好构图后，半按快门按钮对主体进行对焦，完全按下快门按钮进行拍摄。

▣ 摄影师以对称式构图来表现正在休憩的水鸭，绿色的水面恰好凸显了麻褐色的鸭子

拍摄动物的技巧

抓住时机表现动物温情的一面

与人类彼此之间的感情交流一样，动物之间也有着它们交流的方式。如果希望照片更有内涵与情绪，应该抓住时机表现动物温情的一面。

例如，在拍摄动物妈妈看护动物宝宝时，可以重点表现"舐犊情深"的画面；在动物发情的季节拍摄时，应该表现热恋中的"情人缠绵"的场面，以及难得一见的求偶场景；偶遇天空或地面的动物大战时，更须抓住难得的拍摄机会，表现动物世界中的冲突与争斗。

50mm F4.5 1/200s ISO200

大猫抱着小猫舔舐的温情动作，表现了母子间的浓浓亲情

逆光下表现动物的金边毛发

大部分动物的毛发在侧逆光或逆光的条件下，会呈现出半透明的光晕。因此，运用这两种光线拍摄毛发繁多的动物时，不仅能够生动而强烈地表现出动物的外形和轮廓，还能够在相对明亮的背景下突出主体，使主体与背景分离。

在拍摄时，应该利用点测光模式对准动物身体上稍亮一点的区域进行测光，从而使动物身体轮廓周围的半透明毛发呈现出一圈发亮的光晕，同时兼顾动物身体背光处的毛发细节。

35mm F4 1/800s ISO100

逆光光线将宠物狗的轮廓勾勒出来，绒毛也表现得很好，而漫天浓郁的暖黄色影调大大烘托了画面温馨的意境

高速快门加连续拍摄定格精彩瞬间

宠物在玩耍时的动作幅度都比较大，精力旺盛的它们绝对不会停下来任由你摆布，所以只能通过相机设置来抓拍这些调皮的小家伙。在拍摄时可以按照下面的步骤来设置。

1. 设置拍摄参数

将拍摄模式设置为快门优先模式，设置快门速度在 1/500s 或以上的高速快门值，感光度可以依情况进行随时调整，如果拍摄环境光线好，设置 ISO100~ISO200 即可，如果拍摄环境光线不佳，则需要提高 ISO 感光度值。

2. 设置自动对焦模式

宠物的动作不定，为了更好地抓拍到其清晰的动作，需要将对焦模式设置为连续自动对焦，以便相机根据宠物的跑动幅度自动跟踪主体进行对焦。

3. 设置自动对焦区域模式

自动对焦区域模式方面，可以设置为自动选择模式，或自动选择区域模式。

设置自动对焦模式

设置自动对焦区域模式

35mm F5.6 1/1000s ISO200

高速连拍猫咪打闹的瞬间，使画面看起来精彩、有趣

4. 设置驱动模式

将相机的驱动模式设置为连拍（如果相机支持高速连拍，则设置该选项）。在连拍模式下，可以将它们玩耍时的每一个动作快速连贯地记录下来。

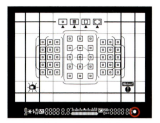

▤ 红圈中所示的是对焦指示图标

▤ 佳能 80D 相机的两种连拍模式

拍摄完成后，需要回放查看所拍摄的照片，以查看画面主体是否对焦清晰，动作是否模糊，如果效果不佳，需要进行调整，然后再次拍摄。

5. 设置测光模式

一般选择在明暗反差不大的环境下拍摄宠物，因此使用评价测光模式即可。半按快门对画面测光，然后查看取景器中得出的曝光参数组合，确定没有提示曝光不足或曝光过度即可。

▤ 设置测光模式

6. 对焦及拍摄

一切设置完后，半按快门对宠物对焦（注意查看取景器中的对焦指示图标"●"，出现该图标表示对焦成功），对焦成功后完全按下快门按钮，相机将以连拍的方式进行抓拍。

35mm F4 1/500s ISO100

▤ 使用连拍的优点之一，就是可以实现多拍优选。这张站起来的狗狗照片就是在连拍的组图中选取出来的

改变拍摄视角

拍摄宠物也要不断地变换角度,以发现宠物最可爱的一面。俯视是人观察宠物最常见的视角,因此在拍摄相同的内容时还使用相同的角度,总是在视觉上略显平淡。因此,除了一些特殊的表现内容外,可以多尝试平拍或仰拍,以特殊的视角表现不同特点的宠物。

1. 不同视角的拍摄技巧

俯视拍摄站立的宠物时,能够拍出宠物的头大身小效果。采用此角度拍摄,要注意背景的选择,适合选择简单、纯净的背景,以凸显宠物。

在进行平视拍摄时,拍摄者可以弯下腰、半蹲或坐在地板、草地上,保持镜头与宠物在一个水平线上,这样拍摄出的效果真实且生动。在室外以平视角度拍摄时,还可以给画面安排前景并将其虚化,来增加画面的美感和自然感。

宠物们虽然娇小,但也可以轻松实现仰视拍摄。方法一是将宠物们放置在高一点的地方,室内拍摄时可以让它们在桌子上、窗台上或沙发上玩耍,室外拍摄时可以让它们在台阶上、山坡上玩耍,然后摄影师在它们玩耍的过程中进行抓拍;方法二是放低相机机位,以实时显示拍摄模式取景并拍摄。

35mm F4 1/200s ISO100

📄 摄影师采用俯视角度拍摄小狗们,小狗们大大的眼睛都齐齐地看向镜头,让人怜爱

35mm F5.6 1/160s ISO100

📄 以平视的角度拍摄猫咪,而猫咪后脚着地,两只前脚伸起并分开脚掌,再配上它委屈的表情,仿佛在说:"我认输,我投降了。"

70mm F5 1/1000s ISO100

📄 摄影师以仰视的角度拍摄,来凸显狗的神气模样

2. 拍摄方式

如果以取景器来取景拍摄，在以俯视的角度拍摄时，还能轻松应对，而在以平视或仰视的角度拍摄时，不妨将拍摄方式切换为实时显示拍摄模式。

佳能 80D 相机是将实时显示拍摄 / 短片拍摄开关转至 ◯ 位置，然后按下 START/STOP 按钮，即可切换至实时显示拍摄模式。

3. 拍摄参数设置

将拍摄模式设置为光圈优先模式，根据想要的拍摄效果来设置大光圈或小光圈。感光度根据拍摄环境光线情况而设置，光线充足的情况下，设置为 ISO100~ISO200 即可；光线弱的情况下，则要增高数值。

4. 对焦及对焦区域模式

将对焦模式设置为人工智能伺服自动对焦。将自动对焦区域模式设置为自动选择模式。

设置自动对焦模式

设置自动对焦区域模式

5. 设置驱动模式

将相机的驱动模式设置为连拍（如果相机支持高速连拍，则设置该选项）。

6. 设置测光模式

在明暗对比不大的情况下，使用评价测光模式即可，半按快门对画面测光，然后注意查看得出的曝光参数是否合适。

7. 对焦及拍摄

一切确认无误后，半按快门对宠物对焦，确认对焦成功后按下快门进行拍摄。

70mm F2.8 1/500s ISO160

在室外草地上以平视角度拍摄，并设置大光圈值将前后景虚化，以凸显画面中的小狗

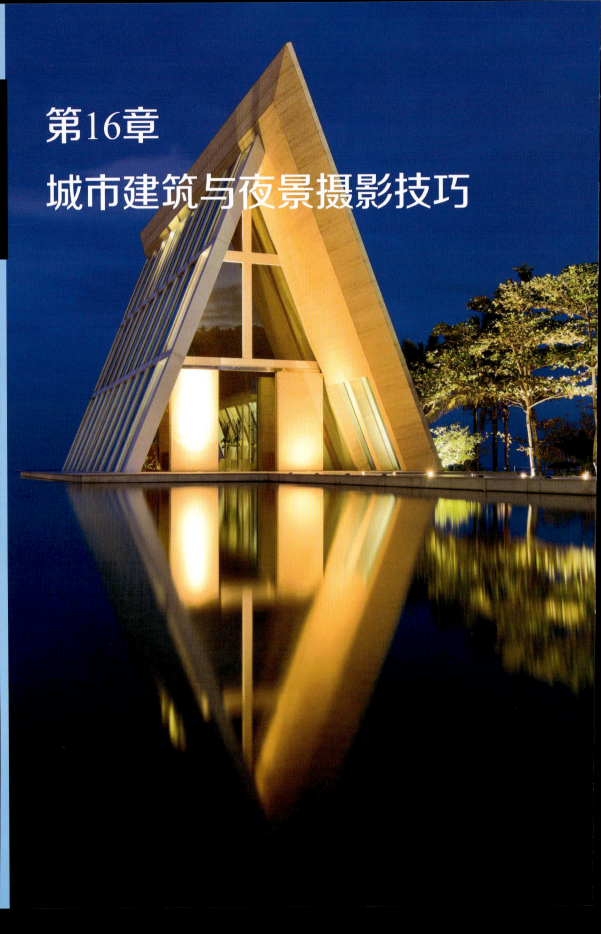

第16章
城市建筑与夜景摄影技巧

拍摄建筑的技巧

逆光拍摄建筑物的剪影轮廓

许多建筑物的外观造型非常美，对于这样的建筑物，在傍晚时分进行拍摄并选择逆光角度，可以拍摄出漂亮的建筑物剪影效果。

在具体拍摄时，只需针对天空中的亮处进行测光，建筑物就会由于曝光不足而呈现出黑色的剪影效果。

如果按此方法得到的半剪影效果，还可以通过降低曝光补偿使暗处更暗，建筑物的轮廓外形就更明显。

在使用这种技法拍摄建筑时，建筑的背景应该尽量保持纯净，最好以天空为背景。

如果以平视的角度拍摄时若背景出现杂物，如其他建筑、树枝等，可以考虑采用仰视的角度拍摄。

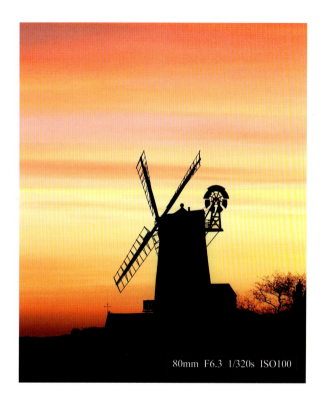

▣ 金灿灿的太阳悬挂在空中，使用点测光对准天空亮处测光，得到呈剪影效果的建筑

拍出极简风格的几何画面

在拍摄建筑时，有时在画面中所展现的元素很少，但反而会使画面呈现出更加令人印象深刻的视觉效果。在拍摄建筑，尤其是现代建筑时，可以考虑只拍摄建筑的局部，利用建筑自身的线条和形状，使画面呈现强烈的极简风格与几何美感。

需要注意的是，如果画面中只有数量很少的几个元素，在构图方面需要非常精确。另外，在拍摄时要大胆利用色彩搭配技巧，增加画面的视觉冲击力。

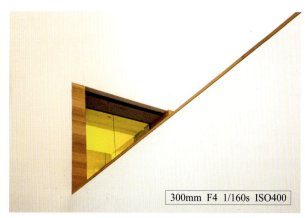

▣ 使用长焦镜头截取建筑物上呈规则排列的窗户，其抽象的效果看起来很有装饰美感

通过构图使画面具有韵律感

韵律原本是音乐中的词汇，实际上在各种成功的艺术作品中，都能够找到韵律的痕迹。韵律的表现形式随着载体形式的变化而变化，均可给人节奏感、跳跃感与生动感。

建筑物被称为凝固的乐曲，意味着在其结构中本身就隐藏着节奏与韵律，这种韵律可能是由建筑线条形成的，也可能是由建筑物自身的几何结构形成的。

在拍摄建筑物时，需要不断调整视角，通过运用画面中建筑物的结构来为画面塑造韵律。例如，一排排的窗户、一格格的玻璃幕墙，都能够在一定的角度下表现出漂亮的形式美感。

28mm F5.6 1/200s ISO100

利用镜头的广角端拍摄地下通道，强烈的透视效果使画面看起来很有视觉冲击力，这样的表现手法给人一种全新的视觉美感

使照片出现窥视感

窥视欲是人类与生俱来的一种欲望，摄影师从小小的取景框中看世界，实际上也是一种窥视欲的体现。在探知欲与好奇心的驱使下，一些非常平淡的场景也会在窥视下变得神秘起来。

在拍摄建筑时，可以充分利用其结构，使建筑在画面中形成框架，并通过强烈的明暗、颜色对比引导观者关注到拍摄主体，使画面产生窥视感，从而使照片有一种新奇的感觉。

框架结构还能给观者强烈的现场感，使其觉得自己正置身其中，并通过框架观看场景。另外，如果框架本身就具有形式美感，那么也能够为画面增色不少。

利用弧形的建筑造型作为框架进行构图，不仅可增加画面的空间感，还突出了主体在画面中的表现

35mm F11 1/500s ISO100

框式构图让画面主体更为突出，拍摄这类古典建筑时很容易寻找到门或窗来形成框架

35mm F5.6 1/320s ISO100

拍摄建筑精美的内部

除了拍摄建筑的全貌和外部细节之外，有时还应该进入其内部拍摄，如歌剧院、寺庙、教堂等建筑物内部都有许多值得拍摄的壁画或雕塑。

1. 拍摄器材

推荐使用广角镜头或广角端，镜头带有防抖功能为佳。

2. 拍摄参数的设置

推荐使用光圈优先曝光模式，并设置光圈在 F5.6~F10 之间，以得到大景深效果。

建筑室内的光线通常较暗，感光度一般是根据快门速度值来灵活设置，如果快门速度低于安全快门，则应提高感光度以相应地提高快门速度，防止成像模糊。一般将其设置在 ISO400~ISO1600。

有防抖标志的佳能镜头

选择光圈优先模式

设置光圈值和感光度

由于室内光线较暗，为了提高快门速度，设置较高的感光度和使用高ISO降噪后才能得到精细的画面效果

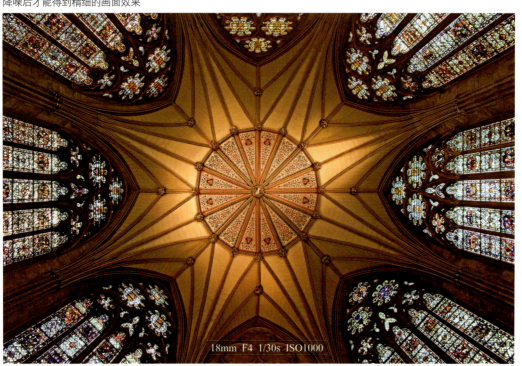

18mm F4 1/30s ISO1000

3. 开启防抖功能

在手持相机拍摄时,相机容易抖动,而且快门速度一般不会非常高,容易造成画面模糊,因此需要开启镜头上的防抖功能来减少画面模糊的概率。

4. 开启高 ISO 感光度降噪功能

使用高感光度拍摄时,非常容易在画面中形成噪点,高感效果不好的相机产生的噪点更加明显,因此需要开启相机的"高 ISO 感光度降噪功能"。

开启相机的高ISO感光度降噪功能

5. 设置测光模式

测光模式设置为评价测光,针对画面整体测光。

6. 其他设置

除了前面的设置外,还有一个比较重要的设置是存储格式,将文件格式存储为 RAW 格式,这样可以很方便地后期进行优化处理。

如果想获得 HDR 效果的照片,可以开启相机的 HDR 模式(仅限于 JPEG 格式)或使用包围曝光功能拍摄不同曝光的素材照片,然后进行后期合成。

7. 拍摄小技巧

室内建筑一般都有桌椅或门柱,在不影响其他人通过或破坏它的情况下,可以通过将相机放置在桌椅上或倚靠门柱的方式来提高手持拍摄的稳定性。

如果是仰视拍摄建筑顶面的装饰,可以开启相机的实时显示拍摄模式来提高拍摄姿势的舒适性,如果所使用的相机有旋转液晶显示屏,则还可以调整屏幕来获得更舒适的观看角度。

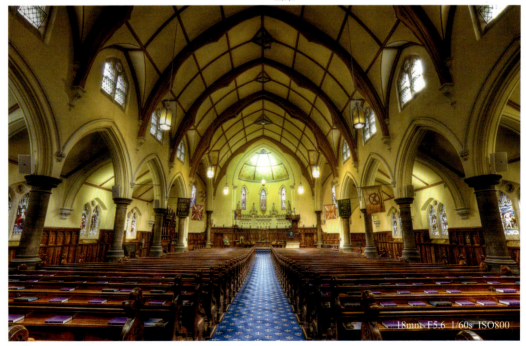

使用广角镜头拍摄,将教堂里的精致细节都展现了出来

18mm F5.6 1/60s ISO800

拍摄夜景的技巧

天空深蓝色调的夜景

观看夜景摄影佳片就可以发现,大部分城市夜景照片中的天空都是蓝色调,而摄影初学者却很郁闷,为什么我就拍不出来那种感觉呢?其实就是拍摄时机没选择正确,一般为了捕捉到这样的夜景气氛,都不会等到天空完全黑下来才去拍摄,因为照相机对夜色的辨识能力比不上我们的眼睛。

1. 最佳拍摄时机

要想获得纯净蓝色调的夜景照片,首先要选择天空能见度好、透明度高的天晴夜晚(雨过天晴的夜晚更佳),在天将黑未黑、城市路灯开始点亮的时候,便是拍摄夜景的最佳时机。

较晚时候拍摄的夜景,此时天空已经变成了黑褐色,画面美感不强

2. 拍摄装备

建议使用广角镜头拍摄,以表现城市的繁华。另外,还需使用三脚架固定好相机,并使用快门线拍摄,尽量不要用手直接按下快门按钮。

三脚架与快门线

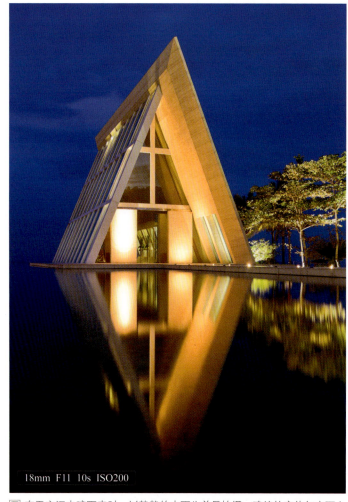

18mm F11 10s ISO200

在天空还未暗下来时,以静静的水面为前景拍摄,建筑的实体与水面上的倒影形成了对称式构图,黄色的灯光在深蓝色调的衬托下,显得更加迷人

3. 拍摄参数设置

将拍摄模式设置为 M 挡手动模式,设置光圈值为 F8~F16,以获得大景深画面。感光度设置在 ISO100~ISO200,以获得噪点比较少的画面。

4. 设置白平衡模式

为了增强画面的冷暖对比效果,可以将白平衡模式设置为钨丝灯模式。

▤ 佳能相机设置白平衡模式

5. 拍摄方式

夜景光线较弱,为了更好地查看相机参数、构图及对焦,推荐使用实时显示模式取景和拍摄。

6. 设置对焦模式

将对焦模式设置为单次自动对焦模式;自动对焦区域模式设置为实时 1 点自动对焦模式。

如果使用自动对焦模式的对焦成功率不高,则可以切换至手动对焦模式,然后按下放大按钮使画面放大,旋转对焦环进行精确对焦。

▤ 佳能 80D 相机是将实时显示拍摄/短片拍摄开关转至 ◻ 位置,然后按下 按钮,即可切换至实时显示拍摄模式

▤ 在实时显示拍摄模式下,按下相机的放大按钮,可以将画面放大显示,这一功能可以辅助手动对焦

▤ 以深蓝色的天空来衬托夜幕下的建筑,使建筑非常突出

7. 设置测光模式

将测光模式设置为评价测光,对画面整体半按快门测光,注意观察液晶显示屏中的曝光指示条,调整曝光数值,使曝光游标处于标准或所需曝光的位置。

▤ 设置评价测光并做适当曝光补偿,画面中的天空与地面都有细节

8. 曝光补偿

由于在评价测光模式下相机是对画面整体测光的，会出现偏亮的情况，需要减少 0.3~0.7EV 的曝光补偿。在 M 挡模式下，使游标向负值方向偏移到所需数值即可。

观看液晶显示屏上的曝光指示游标

9. 拍摄

一切参数设置妥当后，使对焦点对准画面较亮的区域，半按快门线上的快门按钮进行对焦，然后按下快门按钮拍摄。

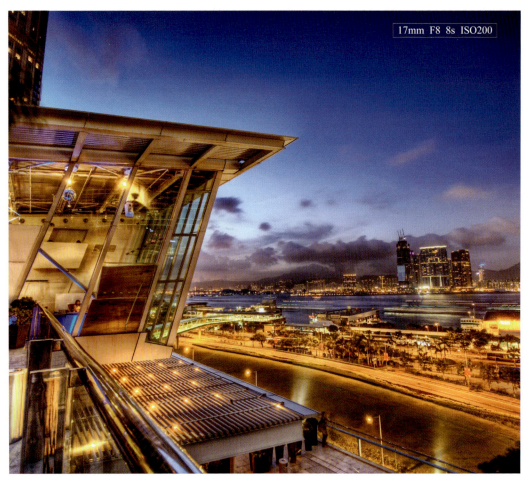

蓝色的天空和在城市灯光照射下呈黄色的建筑物形成了漂亮的冷暖对比效果

车流光轨

在夜晚的城市，灯光是主要光源，各式各样的灯光可以顷刻间将城市变得绚烂多彩。疾驰而过的汽车所留下的尾灯痕迹，显示出了都市的节奏和活力，是很多人非常喜欢的一种夜景拍摄题材。

1. 最佳拍摄时机

与拍摄蓝调夜景一样，拍摄车流也适合选择在日落后且天空还没完全黑下来的时候开始拍摄。

2. 拍摄地点的选择和构图

拍摄地点除了在地面上外，还可找寻如天桥、高楼等地方以高角度进行拍摄。

拍摄的道路有弯道的最佳，如 S 形、C 形，这样拍摄出来的车流线条非常有动感。如果是直线道路，摄影师可以选择从斜侧方拍摄，使画面形成斜线构图，或者是选择道路的正中心点，在道路的尽头安排建筑物入镜，使画面形成牵引式构图。

▤ 选择在天完全黑下来的时候拍摄，可以看出，虽然车轨线条很明显，但其他区域都黑乎乎的，整体美感不强

17mm F16 15s ISO100

▤ 摄影师采用放射线构图拍摄车轨，画面非常有延伸感

曲线构图实例，可以看出画面很有动感　　斜线构图实例，可以看出车轨线条很突出

3. 拍摄器材

车流光轨是一种长时间曝光的夜景题材，可以达几秒、甚至几十秒的曝光时间，因此稳定的三脚架是必备附件之一。为了防止按动快门时的抖动，还需使用快门线来触发快门。

4. 拍摄参数的设置

选择 M 挡手动模式，并根据需要将快门速度设置为 30s 以内的数值（多试拍几张）。光圈值设置在 F8~F16 之间的小光圈，以使车灯形成的线条更细，不容易出现曝光过度的情况。感光度通常设置为最低感光度 ISO100（少数中高端相机也支持 ISO50 的设置），以保证成像质量。

下方 4 张图是在其他参数不变的情况下，只改变快门速度的效果示例，可以作为曝光参考。

将背包悬挂在三脚架上，可以提高稳定性

快门速度：1/20s

快门速度：1/5s　　快门速度：4s　　快门速度：6s

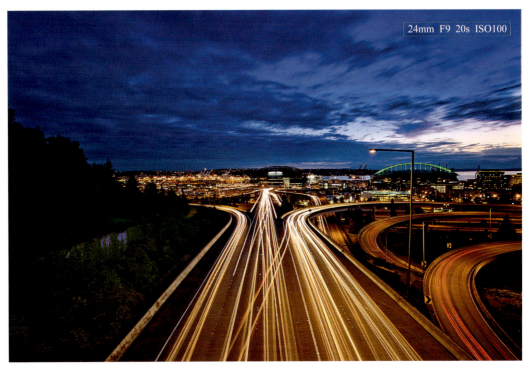

24mm F9 20s ISO100

摄影师以俯视角度拍摄立交桥上的车流,消失在各处的车轨线条展现出了城市的繁华

5. 拍摄方式

夜景光线较弱,为了更好地查看相机参数、构图及对焦,推荐使用实时显示模式取景和拍摄。

6. 设置对焦模式

将对焦模式设置为单次自动对焦模式;自动对焦区域模式设置为实时1点自动对焦模式。

如果使用自动对焦模式的对焦成功率不高,则可以切换至手动对焦模式。

7. 设置测光模式

将测光模式设置为评价测光,对画面整体半按快门测光,此时注意观察液晶显示屏中的曝光指示条,微调光圈、快门速度、感光度,使曝光游标到达标准或所需曝光的位置处。

8. 曝光补偿

在评价测光模式下会出现偏亮的情况,需要减少0.3~0.7EV的曝光补偿。在M挡模式下,调整参数使游标向负值方向偏移到所需数值即可。

9. 拍摄

一切参数设置妥当后,使对焦点对准画面较亮的区域,半按快门线上的快门按钮进行对焦,然后按下快门按钮拍摄。

奇幻的星星轨迹

1. 选择合适的拍摄地点

要拍摄出漂亮的星轨，首要条件是选择合适的拍摄地点，最好在晴朗的夜晚前往郊外或乡村。

2. 选择合适的拍摄方位

接下来需要选择拍摄方位，如果将镜头对准北极星，可以拍摄出所有星星都围绕着北极星旋转的环形画面。对准其他方位拍摄的星轨则都呈现为弧形。

3. 选择合适的器材、附件

拍摄星轨的场景通常在郊外，气温较低，相机的电量下降得相当快，应该保证相机电池有充足的电量，最好再备一块或两块满格电量的电池。

长时间曝光时，相机的稳定性是第一位的，稳固的三脚架及快门线是必备的。

原则上使用什么镜头是没有特别规定的，但考虑到前景与视野，多数摄影师还是会选用视角广阔、大光圈、锐度高的广角与超广角镜头。

17mm F8 2140s ISO800

表现星星轨迹的画面，可将地面景物也纳入，以丰富画面

4. 选择合适的拍摄手法

拍摄星轨通常可以用两种方法。一种是通过长时间曝光的前期拍摄，即拍摄时使用 B 门模式，通常要曝光半小时甚至几个小时。

第二种方法是使用间隔拍摄的手法进行拍摄（如果相机无此功能，可以使用具有定时功能的快门线），使相机在长达几小时的时间内，每隔 1 秒或几秒拍摄一张照片，建议拍摄 120 至 180 张，总时间为 60~90 分钟。完成拍摄后，利用 Photoshop 中的堆栈技术，将这些照片合成为一张星轨迹照片。

佳能相机的间隔定时器菜单

笔者在国家大剧院前面拍摄的一系列素材

通过后期处理后得到的成片

5. 选择合适的对焦

如果远方有灯光，可以先对灯光附近的景物进行对焦，然后切换至手动对焦方式进行构图拍摄；也可以直接旋转变焦环将焦点对在无穷远处，即旋转变焦环直至到达标有 ∞ 符号的位置。

6. 构图

在构图时为了避免画面过于单调，可以将地面的景物与星星同时摄入画面，使作品更生动活泼。如果地面的景物没有光照，可以通过使用闪光灯进行人工补光的操作方法来弥补。

7. 确定曝光参数

不管使用哪一种方法拍摄星轨，设置参数都可以遵循下面的原则。

尽量使用大光圈。这样可以吸收更多光线，让更暗的星星也能呈现出来，以保证得到较清晰的星光轨迹。

感光度适当高点。可以根据相机的高感表现，设置为ISO400~ISO3200，这样便能吸收更多光线，让肉眼看不到的星星也能被拍下来，但感光度数值最好不要超过相机最高感光度的一半，不然噪点会很多。

如果使用间隔拍摄的方法拍摄星轨，对于快门速度，笔者推荐设置为 8s 以内。

8. 拍摄

当确定好构图、曝光参数和对焦后，如果是使用第一种方法拍摄，释放快门线上的快门按钮并将其锁定，相机将开始曝光，曝光时间越长，画面上星星划出的轨迹就越长、越明显，当曝光达到所需的曝光时间后，再解锁快门按钮结束拍摄即可。

如果是使用第二种方法拍摄，当设置完间隔拍摄菜单选项后，佳能相机会在拍摄第一张照片后，按照所设定的参数进行连续拍摄，直至拍完所设定的张数，才会停止拍摄。

18mm F5 2610s ISO400

▣ 通过2610s的长时间曝光，得到了线条感明显的星轨